U0079139

KAWAII CROCHET

可愛療癒!! 鉤織玩偶入門書

CONTENTS 目次

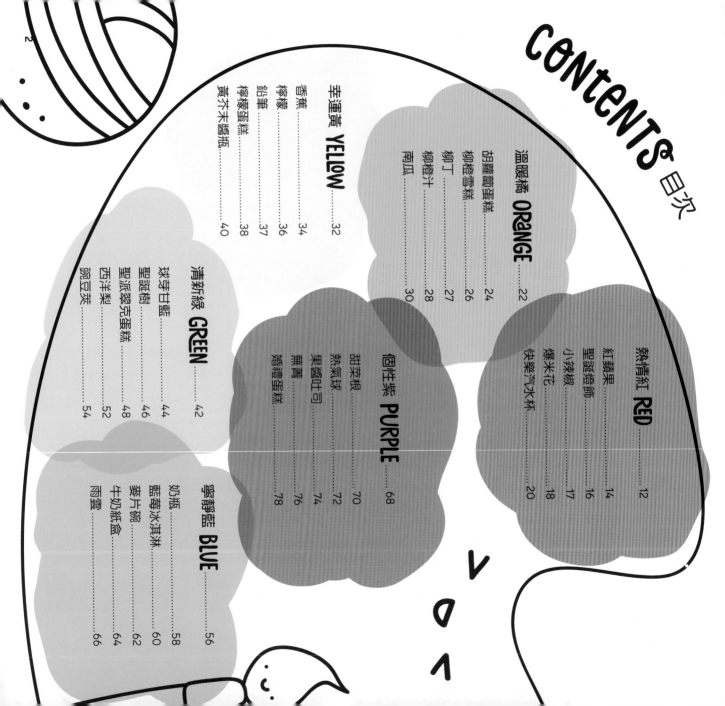

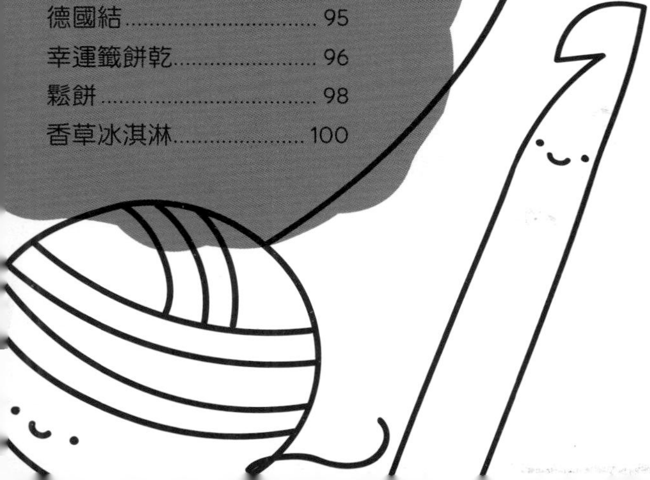

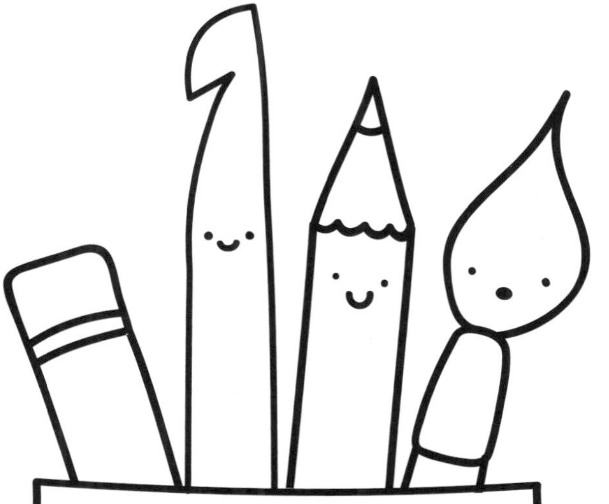

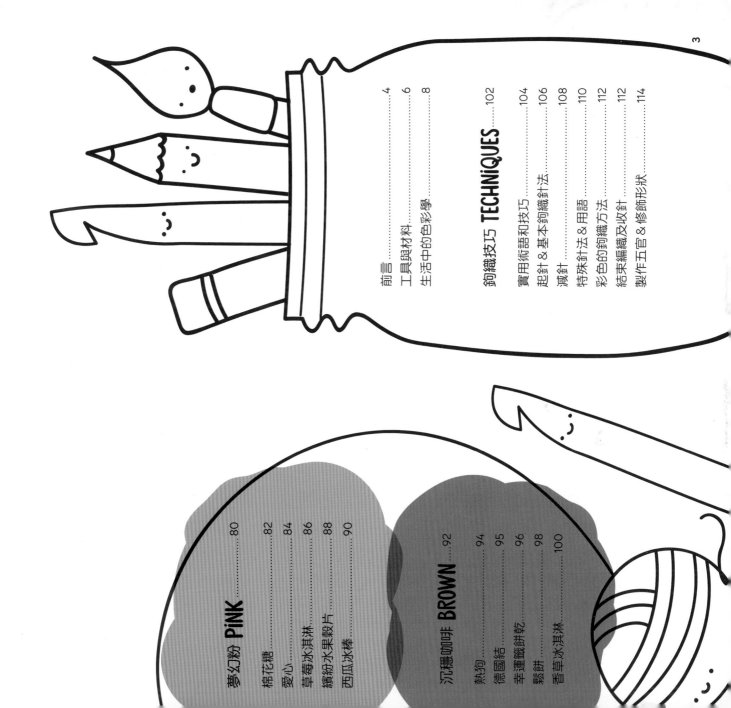

INTRODUCTION 前言

有關書裡使用的鉤針技巧，請參照鉤織技巧的教學（P102）。

我最早對美麗織品的記憶，是從看著我祖母用鉤針打毛線開始。多年來我收過很多她以鉤針織成的可愛禮物。十幾歲那年，我下定決心要學習鉤織，雖然很想請祖母教我，但我們住的地方實在相隔太遠。所以我到附近的手作商店，買了一本「30 分鐘內學會鉤織」的書！當下我真的被說服了，相信我可以做到！於是我買了書、一球毛線和一支鉤針，以為這樣就萬無一失。結局不難想像，事情並沒有如我想得那樣順利，但經過一番堅持，我依然完成了第一條小毛巾，也從這一刻起正式「上勾（鉤）」，從此開啟我的鉤針編織人生。

在女兒出生後，我開始自己創作織圖。雖然我樂於當全職媽媽，但每天與 15 個月大的幼兒跟新生兒朝夕相處，我發現我急需一個能激發創造力的出口。每天趁兩個寶寶午睡時，我不斷設計並製作鉤織毛帽、毯子和娃娃鞋。只要覺得孩子穿起來很可愛我就織！我的孩子絕對是我所有鉤織作品的靈感來源。

幾年後，一個夏日的早晨，我帶著孩子一起去農夫市集。當時我剛把生鮮食材收拾好，一轉身就看見孩子拿食物自己玩起農夫市集的遊戲。她們小心翼翼擺攤放置食物、假裝販售，但卻發現自己的商品相當不齊全。想也知道，她們接下來給了我一長串的水果、蔬菜及蛋糕清單。我必須說，當孩子開口請我幫她們做東西時，我通常很難拒絕。所以我找出了愛用的毛線，以最快的速度開始忙碌地製圖跟鉤織。這也是我開始創作可愛鉤織玩偶的契機。

身為一個媽媽，對於可愛的玩偶五官絕對不陌生，無論是在商店、社群網站，還是孩子們的卡通裡，這些卡哇伊臉龐無所不在。看到可愛的表情總是能讓我會心一笑，所以我也幫當時正在製作的蘋果加進臉部表情。而你知道嗎，她們真的超愛！

如今，將生活中常見的物件鉤織成卡哇伊的玩偶，已經變成了我的嗜好。希望這本書能給正在鉤織路上的你一些鼓勵，也願我們都能發掘自己對鉤針編織、色彩及所有可愛事物的喜愛和熱情！

祝大家鉤織愉快！

本書中的難度分級

每個作品的難易度，會以下列圖式中的臉部表情來標示。如果你是鉤織新手，就從入門的作品開始；若是想給自己一點挑戰的話，就選擇進階作品。

入門

進階

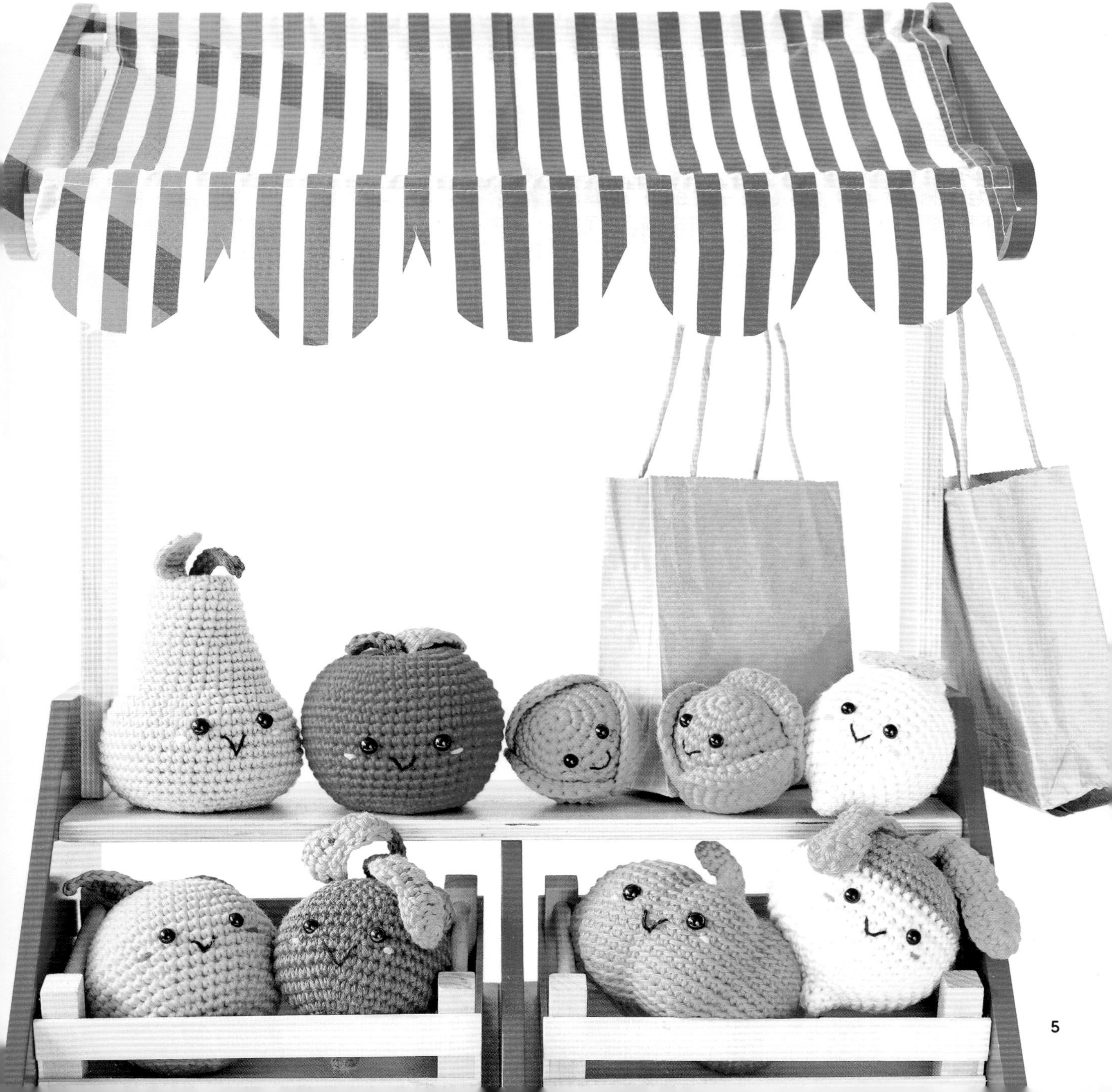

TOOLS AND MATERIALS

工具與材料

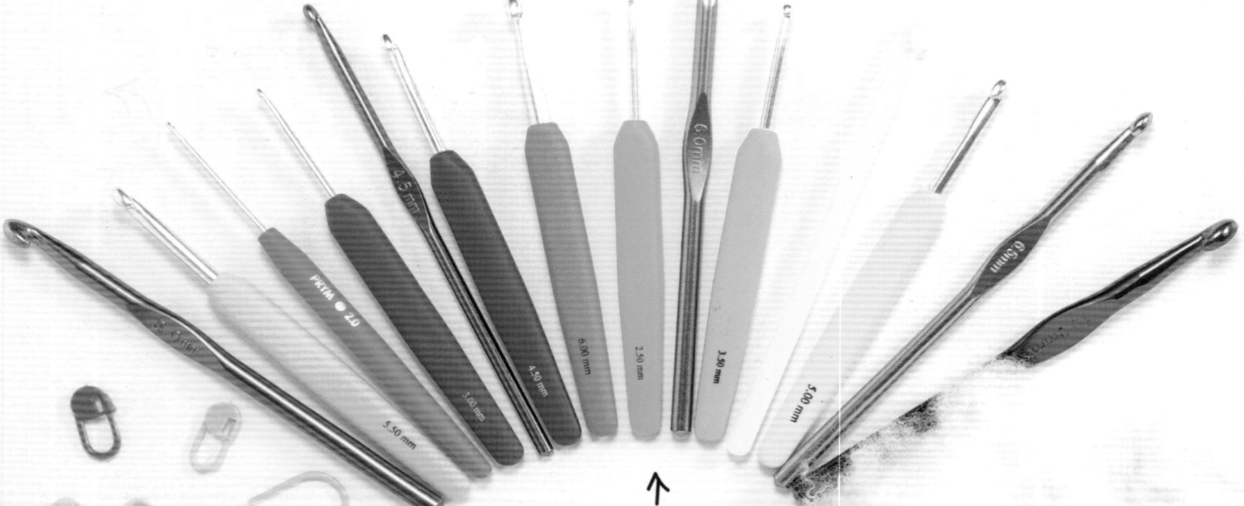

鉤針

使用針號尺寸[1]為3.25mm（美規D-3號針）及2.75mm（美規C-2號針）。美國可樂牌Amour鉤針組是我的最愛，手感非常舒適！

纖維填充物

用來塞玩偶的填充物，棉花或聚酯纖維都可以。我用的是聚酯纖維，在塑型的時候特別好用。

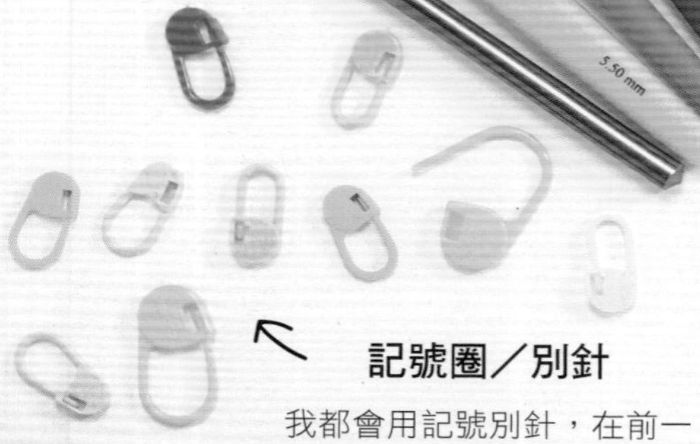

記號圈／別針

我都會用記號別針，在前一圈的最後一針作上記號。但也可以用一條對比色線、安全別針或是迴紋針代替。

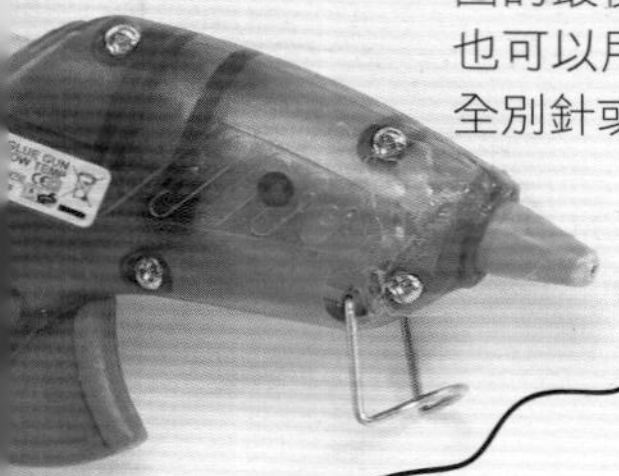

絨毛鐵絲

用於製作汽水杯裡的吸管，讓吸管可以有完美的彎度。

熱熔槍

我的祕密武器！在固定玩偶小細節時，熱熔槍是最容易操作又最快的方法。當然，你也可以使用針線。

1 不同國家的鉤針尺寸規格不同，3.25mm相近於日本5或6號鉤針，2.75mm近似4或5號，請參考P104的鉤針對照表。

玩具娃娃眼睛

我最常使用黑色，且大小於5mm至9mm之間的娃娃眼睛，不然也可以用黑色的線繡出眼睛（請參考P114：嵌入娃娃眼睛）。

剪刀

又尖又銳利的剪刀，是我最愛的收集品之一。

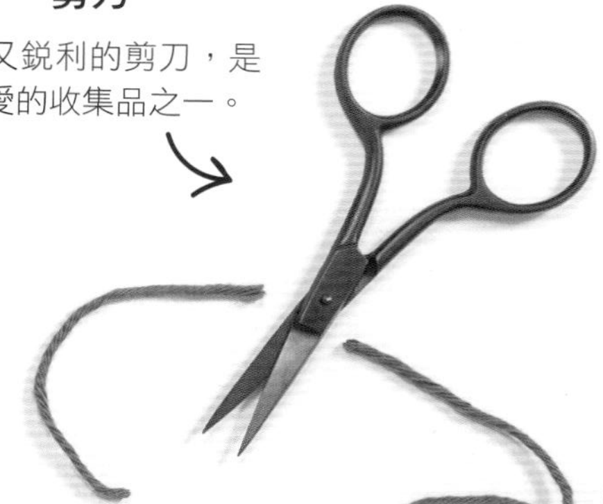

毛線縫針（鈍頭針）

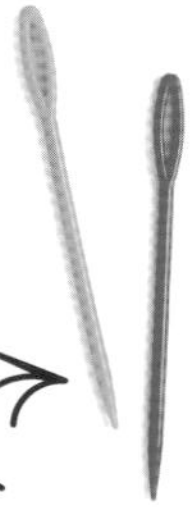

藏線頭和塑型時，一支不傷毛線的鈍頭縫針絕對不可或缺。

大頭針

用於固定不同部位的連接，我習慣用T型的大頭針，這樣才不會掉進鉤針玩偶裡消失不見。

棉質毛線

本書中大多使用歐美規格的Paintbox牌棉質毛線，有分中量和輕量兩種不同粗細。台灣販售的毛線多以鉤針尺寸標示，可參考各成品使用的鉤針選購。

竹籤

幫助你將填充物塞進每個小空隙的完美工具。在製作熱狗等需要表現硬挺感的填充物時，也可用竹籤替代。

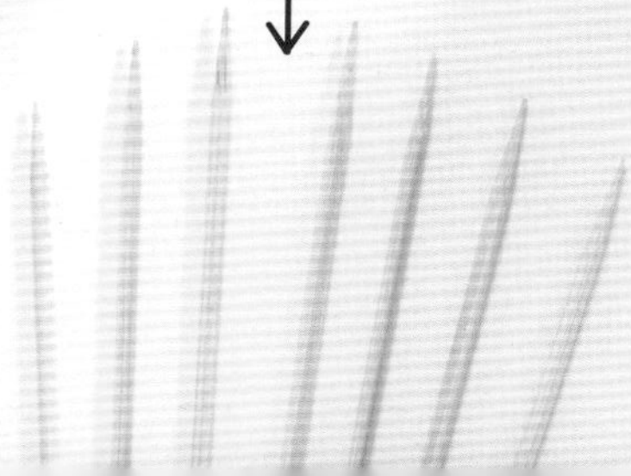

COLOR THEORY

生活中的色彩學

色彩透過多種形式層面，大幅影響著我們。我從以前就很喜愛嘗試各種色彩的搭配，但真正迷戀上顏色的魔力，是從大學時期選修了一堂色彩理論課開始，課堂上講述到的色彩影響力令我大開眼界。後來，我開始下意識留意出現特定顏色時的感受。

人們會被不同的色彩所吸引，其原因也有所不同，可能帶有個人觀感，或是跟記憶、經驗和周遭事物的累積有關。就此而言，色彩在我們的生活中扮演著不可或缺的角色，也同時是許多靈感的泉源！

製作鉤織作品時，我建議大家先觀察自己平常喜歡什麼顏色。記下日常生活中會讓你多看兩眼的顏色或配色。拍照記錄或是收集布料樣本、油漆色卡等，慢慢找出自己偏愛的色系。

如果你已經有一個喜愛的顏色，但不確定如何配色的話，可以觀察自然界中的色調。大致上來說，自然界裡會出現的配色通常能無違和地彼此協調；但如果你跟我一樣，喜歡挑戰各式各樣的配色，又或是想藉由少見的顏色來展現創意的話，稍微了解配色原理的基本知識就非常有幫助。

色環

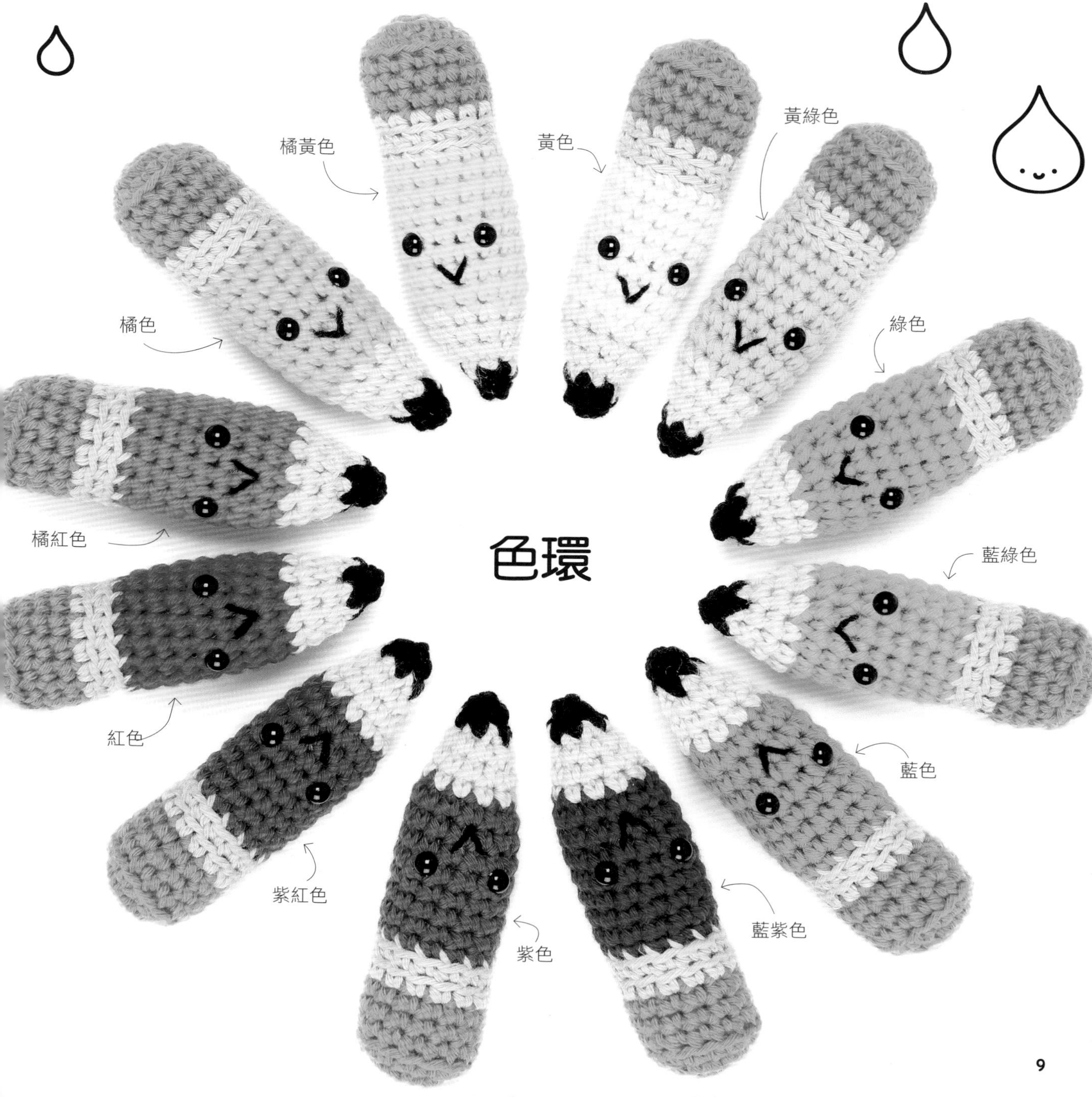

配色原理

原色

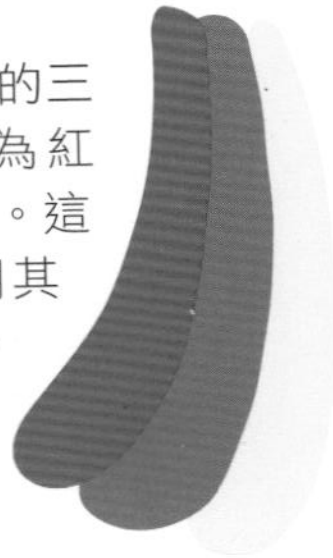

構成色環最基本的三個顏色，分別為紅色、藍色、黃色。這三種顏色無法用其他顏色調出來，稱為三原色。

二次色

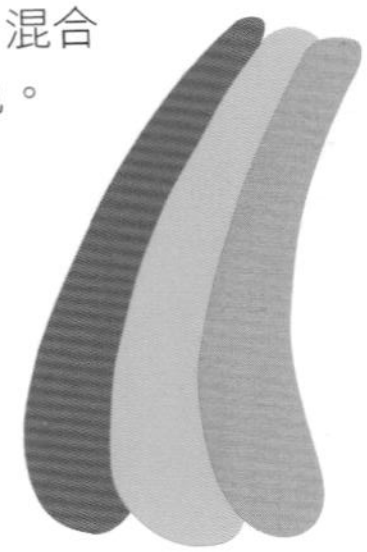

橘色、綠色和紫色，混合兩種原色調成的顏色。
紅色＋黃色＝橘色；
黃色＋藍色＝綠色；
藍色＋紅色＝紫色。

三次色

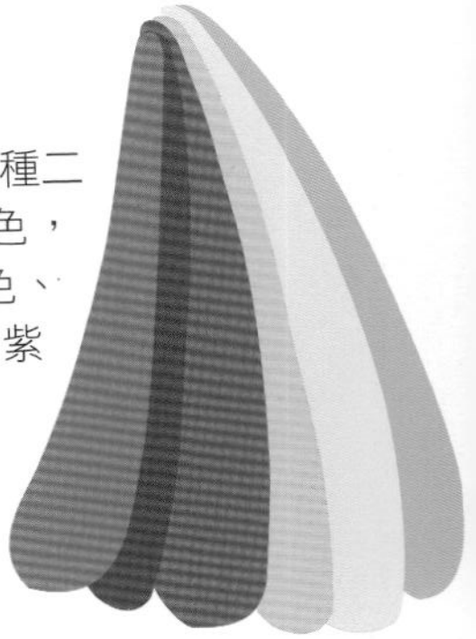

混合一種原色和一種二次色而產生的顏色，有藍綠色、黃綠色、橘黃色、橘紅色、紫紅色及藍紫色。

配色方式①
互補（對比）色

想要明顯的對比時，可以選擇在色環上位置相對應的顏色，衝突性最高，視覺效果最強烈。

配色方式②
補色分割

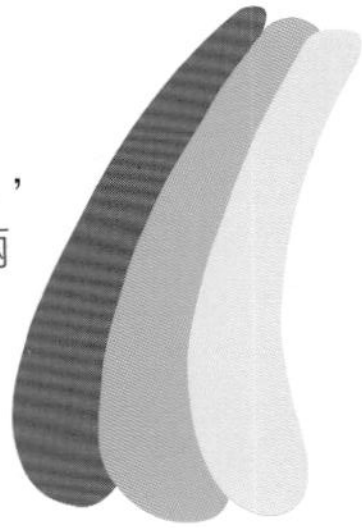

選擇色環上任一顏色，搭配位於其互補色兩側的顏色。具有互補色般的反差效果，但視覺強度比較柔和。

配色方式③
相似（類似）色

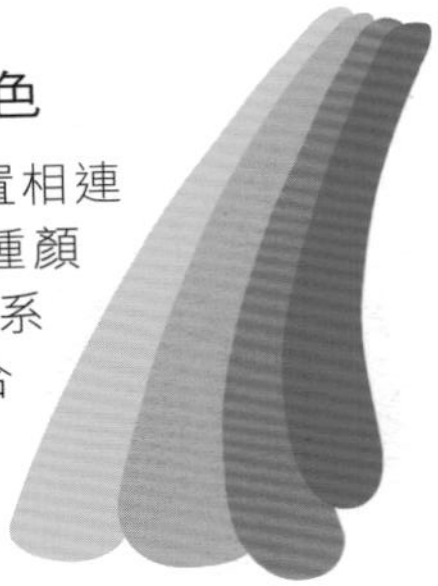

指在色環上位置相連並排的兩到四種顏色。彼此間的色系相近和諧，融合度高。

配色方式④
三等分配色

色環上三個等距分布的顏色（連線後呈正三角）。色彩間能夠形成對比效果，亦具有平衡感。

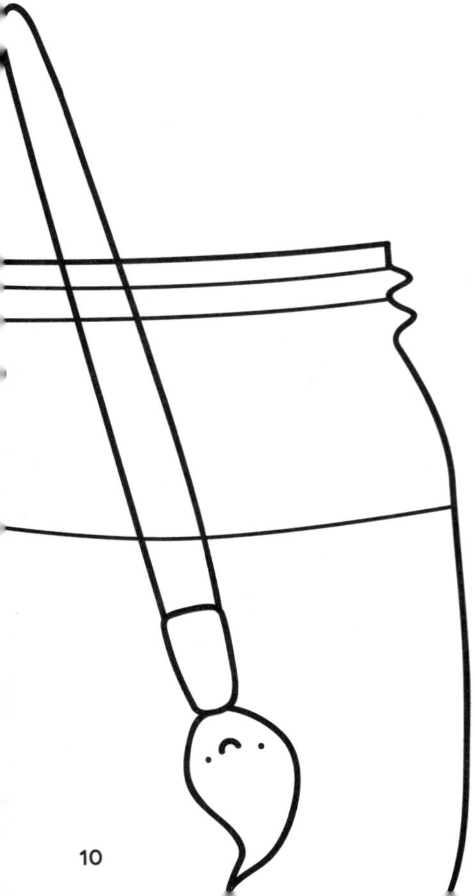

配色方式⑤
矩形（雙對比）配色

又稱十字形配色。由兩組對比色，共四種顏色組合而成。

配色方式⑥
單色配色

將同一種顏色，添加白色、黑色或灰色等色系調出不同深淺、明暗、飽和度的顏色。

配色方式⑦
中性色配色

任何一種顏色搭配中性色彩（黑、白、灰），都能夠達到和諧、無違和的平衡。

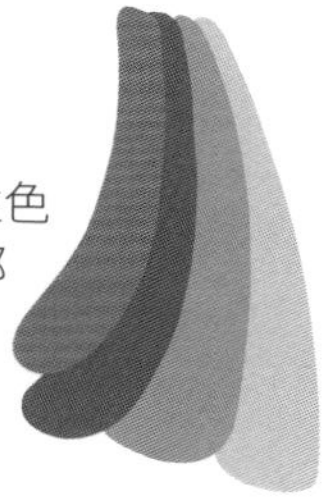

其他配色術語

色相
「顏色」的意思

飽和度
指色相的強度或純度

明度
指色相深淺的程度

暗色調
指色相加入黑色後的色調

明色調
指色相加入白色後的色調

灰色調
指色相加入灰色後的色調

熱情紅

紅色是充滿能量又興致高昂的顏色！
有活力、有力量且充滿熱情。
紅色有著堅定意志，能帶給我們自信。
紅色也能刺激食欲，同時被賦予幸運和繁榮的含義。

Gütermann
10.0mm
5.0mm
Gütermann

APPLE 紅蘋果

材料&工具

- 3.25mm鉤針
- 棉質中量毛線：**紅色**、**咖啡色**、**草綠色**，各一球（50克）
- 8mm娃娃眼睛
- **橘色**及**黑色**散線
- 纖維填充物
- 縫針
- 記號別針

完成尺寸

高9公分
寬9公分

入門

織片密度

2.5公分=5短針 × 6排

蘋果

第1圈：用**紅色**線，以環形起針法起8短針，呈輪環狀[共8針]
第2圈：每個針目1短針[共8針]
第3圈：（1次1短針、1次2短針）4次[共12針]
第4圈：每個針目1短針[共12針]
第5圈：（1次1短針、1次2短針）6次[共18針]
第6圈：（2次1短針、1次2短針）6次[共24針]
第7圈：（3次1短針、1次2短針）6次[共30針]
第8圈：（4次1短針、1次2短針）6次[共36針]
第9圈：（5次1短針、1次2短針）6次[共42針]
第10圈：（6次1短針、1次2短針）6次[共48針]
第11圈：（7次1短針、1次2短針）6次[共54針]
第12-16圈：每個針目1短針[共54針]
第17圈：（25次1短針、1短針減針）2次[共52針]
第18圈：每個針目1短針[共52針]
第19圈：（11次1短針、1短針減針）4次[共48針]
第20圈：每個針目1短針[共48針]
第21圈：（10次1短針、1短針減針）4次[共44針]
第22圈：（9次1短針、1短針減針）4次[共40針]
第23圈：（8次1短針、1短針減針）4次[共36針]

將蘋果梗和葉子固定在蘋果頂部，並將8mm娃娃眼睛嵌進**第16**和**第17圈**之間，中間相隔五個針目，並塞入填充物。

第24圈：（4次1短針、1短針減針）6次[共30針]
第25圈：（3次1短針、1短針減針）6次[共24針]
第26圈：（2次1短針、1短針減針）6次[共18針]
第27圈：每個針目1短針[共18針]
第28圈：（1短針減針）9次[共9針]

塞滿填充物，收尾並留一長尾線後剪線。用縫針將尾線穿過整圈前半針後，收口。

開始塑型。縫針自底部的中心穿進去後，從頂部中心拉出來，再從略偏離頂部中心的位置穿進去，從略偏離底部中心的位置拉出。稍微拉緊毛線，使蘋果頂端出現凹槽。

將縫針自底部中心穿進去，自頂部中心拉出，稍微拉緊毛線，使底部也出現凹槽。收尾後將線頭藏起來。

使用**黑色**和**橘色**毛線縫上嘴巴跟臉頰（請參考P116）。

葉子

使用**草綠色**線，起10鎖針。

第1圈：從鉤針側算起第二個鎖針針目開始，依序鉤1引拔針、1短針、1中長針、4次1長針、1中長針，最後一針目鉤3短針。接著再回到一開始的鎖針，從另一邊開始依序鉤1中長針、4次1長針、1中長針、1短針、1引拔針，最後用引拔針鉤進一開始跳過的第一個鎖針。

隱形收針（請參考P112），藏線頭，固定於蘋果頂端。

葉子織圖

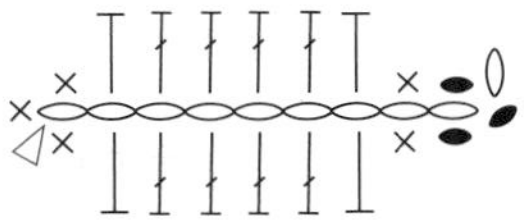

蘋果梗

使用兩條**咖啡色**線，起9鎖針。

第1排：自鉤針側算起第二鎖針的裡山開始（請參考P110），鉤進1短針、7次1引拔針。

收針剪線，把線頭藏進玩偶內部後，固定至蘋果頂端。

一天一顆蘋果

把你最喜歡的蘋果種類拿來當作創作的模型，不管是明亮的青蘋果、甜滋滋的加拉蘋果、漂亮的粉紅佳人或是五爪蘋果都可以。

CHRiSTMAS LiGHT 聖誕燈飾

材料 & 工具
- 3.25mm 鉤針
- 棉質中量毛線：**紅色**、**草綠色**，各一球（50克）
- 6mm 娃娃眼睛
- **橘色**及**黑色**散線
- 纖維填充物
- 縫針
- 記號別針

完成尺寸
高10公分
寬5公分

織片密度
2.5公分=5短針 × 6排

入門

聖誕燈飾

第1圈：用**紅色**線，以環形起針法起6短針，呈輪環狀[共6針]
第2圈：每個針目1短針[共6針]
第3圈：（1次1短針、1次2短針）3次[共9針]
第4圈：（2次1短針、1次2短針）3次[共12針]
第5圈：（3次1短針、1次2短針）3次[共15針]
第6圈：（4次1短針、1次2短針）3次[共18針]
第7圈：（5次1短針、1次2短針）3次[共21針]
第8圈：（6次1短針、1次2短針）3次[共24針]
第9圈：（3次1短針、1次2短針）6次[共30針]
第10-14圈：每個針目1短針[共30針]

將6mm娃娃眼睛嵌進**第9**和**第10圈**之間，中間相隔三個針目，開始放進填充物。

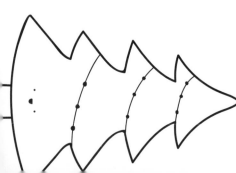

第15圈：（3次1短針、1短針減針）6次[共24針]
第16圈：（2次1短針、1短針減針）6次[共18針]
第17圈：每個針目1短針[共18針]
第18圈：（1次1短針、1短針減針）6次[共12針]
第19圈：換**草綠色**毛線，每個針目1短針[共12針]
第20-21圈：每個針目1短針[共12針]
第22圈：只鉤後半針，（1短針減針）6次[共6針]

塞滿填充物，收尾並留一長尾線後剪線。
用縫針將尾線穿過整圈前半針收口後，把線頭藏起來。
用**黑色**和**橘色**毛線縫上嘴巴跟臉頰（請參考P116）。

CHiLi PEPPER
小辣椒

材料＆工具
- 3.25mm鉤針
- 棉質中量毛線：**紅色**、**草綠色**，各一球（50克）
- 6mm娃娃眼睛
- **橘色**及**黑色**散線
- 纖維填充物
- 縫針
- 記號別針

完成尺寸
高13公分
寬4公分

織片密度
2.5公分=5短針×6排

入門

小辣椒

第1圈：用**紅色**線，以環形起針法起6短針，呈輪環狀[共6針]
第2圈：每個針目2短針[共12針]
第3圈：每個針目1短針[共12針]
第4圈：（1次1短針、1次2短針）6次[共18針]
第5圈：（2次1短針、1次2短針）6次[共24針]
第6-7圈：每個針目1短針[共24針]
第8圈：（2次1短針、1短針減針）6次[共18針]
第9-11圈：每個針目1短針[共18針]

將6mm娃娃眼睛嵌進**第6**和**第7圈**之間，中間相隔三個針目，並放進填充物。

第12圈：4次1短針、1短針減針、12次1短針[共17針]
第13圈：4次1短針、1短針減針、11次1短針[共16針]
第14圈：4次1短針、1短針減針、10次1短針[共15針]
第15圈：4次1短針、1短針減針、9次1短針[共14針]
第16圈：4次1短針、1短針減針、8次1短針[共13針]
第17圈：4次1短針、1短針減針、7次1短針[共12針]
第18圈：4次1短針、1短針減針、6次1短針[共11針]
第19圈：4次1短針、1短針減針、5次1短針[共10針]
第20圈：4次1短針、1短針減針、4次1短針[共9針]
第21圈：4次1短針、1短針減針、3次1短針[共8針]
第22圈：4次1短針、1短針減針、2次1短針[共7針]
第23圈：4次1短針、1短針減針、1次1短針[共6針]

塞滿填充物，收尾並留一長尾線後剪線。尾線用縫針穿過整圈前半針收口。
藏線頭，並使用**黑色**和**橘色**毛線縫上嘴巴跟臉頰（請參考P116）。

辣椒頭

第1圈：用**草綠色**線，以環形起針法起6短針，呈輪環狀[共6針]
第2圈：每個針目2短針[共12針]
第3圈：（1次短針、1次2短針）6次[共18針]
第4圈：每個針目1短針[共18針]

隱形收針（請參考P112），藏線頭，固定於辣椒頂端。

辣椒蒂

用**草綠色**線，起7鎖針。

第1排：自鉤針側算起第二鎖針的裡山開始（請參考P110），依序鉤1短針、5次1引拔針[共6針]

剪線後固定在上方正中心位置，藏線頭。

POPCORN
爆米花

材料＆工具
- 3.25mm鉤針、2.75mm鉤針
- 棉質中量毛線：**紅色**、**白色**、**奶油色**，各一球（50克）
- 棉質輕量毛線：**奶油色**、**黃色**，各一球（50克）
- 8mm娃娃眼睛
- **白色**及**黑色**散線
- 纖維填充物
- 縫針
- 記號別針

完成尺寸
高13公分
寬10公分

織片密度
2.5公分=5短針×6排（中量毛線）
2.5公分=6短針×7排（輕量毛線）

進階

桶子內層

第1圈：用 **3.25mm** 鉤針和**中量奶油色**線，以環形起針法起6短針，呈輪環狀[共6針]
第2圈：每個針目2短針[共12針]
第3圈：（1次1短針、1次2短針）6次[共18針]
第4圈：（2次1短針、1次2短針）6次[共24針]
第5圈：（3次1短針、1次2短針）6次[共30針]
第6圈：（4次1短針、1次2短針）6次[共36針]
第7圈：（5次1短針、1次2短針）6次[共42針]
第8圈：（6次1短針、1次2短針）6次[共48針]
第9圈：（7次1短針、1次2短針）6次[共54針]

隱形收針（請參考P112），藏線頭。

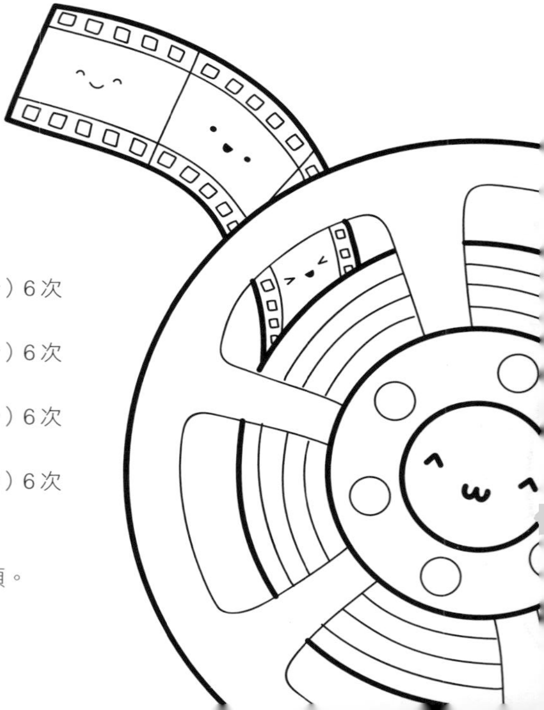

爆米花桶

第1圈：用**3.25mm**鉤針和**紅色**線，以環形起針法起6短針，呈輪環狀[共6針]
第2圈：每個針目2短針[共12針]
第3圈：（1次1短針、1次2短針）6次[共18針]
第4圈：（2次1短針、1次2短針）6次[共24針]
第5圈：（3次1短針、1次2短針）6次[共30針]
第6圈：（4次1短針、1次2短針）6次[共36針]
第7圈：（5次1短針、1次2短針）6次[共42針]
第8圈：只鉤後半針，每個針目1短針[共42針]
第9-11圈：每個針目1短針[共42針]
第12圈：（6次1短針、1次2短針）6次[共48針]
第13-15圈：每個針目1短針[共48針]
第16圈：（7次1短針、1次2短針）6次[共54針]
第17-19圈：每個針目1短針[共54針]

將8mm娃娃眼睛嵌進**第14**和**第15圈**之間，中間相隔五個針目，並放進填充物。

第20圈：（8次1短針、1次2短針）6次[共60針]
第21圈：將桶子內層放進爆米花桶裡，內層**第9圈**對齊爆米花桶的**第19圈**，使用正在鉤爆米花桶的同一條紅色線，以短針拼接兩織片（請見P115），接著再繞回第一針，鉤進1引拔針連接上下圈[共60針]。
第22圈：起1鎖針。（8次1短針、1短針減針）6次，再繞回第一針鉤進1引拔針連接上下圈[共54針]
第23圈：換**白色**線，起1鎖針。每個針目1短針，再繞回第一針，鉤進1引拔針連接上下圈[共54針]
第24圈：每個針目1短針[共54針]

隱形收針並藏線頭。使用**黑色**和**白色**毛線縫上嘴巴跟臉頰（請參考P116）。

爆米花

第1圈：用**2.75mm**鉤針和**輕量奶油色**線，以環形起針法起5短針，呈輪環狀[共5針]
第2圈：每個針目2短針[共10針]
第3圈：（1次1短針、1次2短針）5次[共15針]
第4圈：（1短針減針、1次1短針）5次[共10針]
第5圈：（1短針減針）5次[共5針]
第6圈：整圈只鉤前半針，（依序在同一針目裡鉤1引拔針＋2鎖針＋三長針泡泡針＋2鎖針＋1引拔針）4次，最後一針鉤引拔針。

塞填充物，收針剪線留一長線頭，用縫針將尾線穿過**第5圈**後半針收口，藏線頭。

使用**奶油色**輕量線鉤14顆，**黃色**輕量線鉤7顆，一共21顆爆米花。將爆米花固定於桶子內。

SODA CUP
快樂汽水杯

材料&工具
- 3.25mm 鉤針
- 棉質中量毛線：**紅色**、**咖啡色**、**白色**，各一球（50克）
- 8mm 娃娃眼睛
- **橘色**及**黑色**散線
- 纖維填充物
- 絨毛鐵絲
- 縫針
- 記號別針

完成尺寸
高 18 公分
寬 10 公分

織片密度
2.5 公分=5短針 × 6排

進階

汽水

第1圈：用**咖啡色**線，以環形起針法起 6 短針，呈輪環狀 [共 6 針]
第2圈：每個針目 1 短針 [共 12 針]
第3圈：（1次1短針、1次2短針）6次 [共 18 針]
第4圈：（2次1短針、1次2短針）6次 [共 24 針]
第5圈：（3次1短針、1次2短針）6次 [共 30 針]
第6圈：（4次1短針、1次2短針）6次 [共 36 針]
第7圈：（5次1短針、1次2短針）6次 [共 42 針]
第8圈：（6次1短針、1次2短針）6次 [共 48 針]
第9圈：（7次1短針、1次2短針）6次 [共 54 針]

隱形收針（請參考 P112），並藏線頭。

杯身

第1圈：用**紅色**線，以環形起針法起 6短針，呈輪環狀 [共6針]
第2圈：每個針目 2短針 [共 12 針]
第3圈：（1次1短針、1次2短針）6次 [共 18 針]
第4圈：（2次1短針、1次2短針）6次 [共 24 針]
第5圈：（3次1短針、1次2短針）6次 [共 30 針]
第6圈：只鉤後半針，每個針目 1 短針 [共 30 針]
第7-11圈：每個針目 1 短針 [共 30 針]
第12圈：（4次1短針、1次2短針）6次 [共 36 針]
第13-16圈：每針目 1 短針 [共 36 針]
第17圈：（5次1短針、1次2短針）6次 [共 42 針]
第18-21圈：每針目 1 短針 [共 42 針]
第22圈：（6次1短針、1次2短針）6次 [共 48 針]
第23-26圈：每針目 1 短針 [共 48 針]

將 8mm 娃娃眼睛嵌進**第 16** 和**第 17 圈**之間，中間相隔五個針目，塞進填充物。

第 27 圈：（7 次 1 短針、1 次 2 短針）6 次 [共 54 針]
第 28 圈：每針目 1 短針 [共 54 針]
第 29 圈：將汽水放進杯身裡，杯身**第 28 圈**對齊汽水**第 9 圈**的針數。使用正在鉤杯身的同一條紅色線，以短針拼接兩織片（請參考 P115）[共 54 針]
第 30 圈：起 1 鎖針，（7 次 1 短針、1 短針減針）6 次，繞回第一針，鉤進 1 引拔針連接上下圈 [共 48 針]
第 31 圈：每針目 1 短針 [共 48 針]

隱形收針並藏線頭。使用**黑色**和**橘色**毛線縫上嘴巴跟臉頰（請參考 P116）。

開始塑型，先將縫針自底部中心穿進去，從頂部中心拉出，再從頂部穿進去，從略偏離底部中心的位置拉出。再次將縫針自底部中心穿進去，自頂部中心拉出，稍微把線拉緊，使汽水杯底部出現凹槽。收尾剪線並藏線頭。

杯蓋

第 1 圈：用**白色**線，以環形起針法起 6 短針，呈輪環狀 [共 6 針]
第 2 圈：每個針目 2 短針 [共 12 針]
第 3 圈：（1 次 1 短針、1 次 2 短針）6 次 [共 18 針]
第 4 圈：（2 次 1 短針、1 次 2 短針）6 次 [共 24 針]
第 5 圈：（3 次 1 短針、1 次 2 短針）6 次 [共 30 針]
第 6 圈：（4 次 1 短針、1 次 2 短針）6 次 [共 36 針]
第 7 圈：（5 次 1 短針、1 次 2 短針）6 次 [共 42 針]
第 8 圈：（6 次 1 短針、1 次 2 短針）6 次 [共 48 針]
第 9 圈：（7 次 1 短針、1 次 2 短針）6 次 [共 54 針]
第 10 圈：（8 次 1 短針、1 次 2 短針）6 次 [共 60 針]
第 11 圈：只鉤後半針，每個針目 1 短針 [共 60 針]
第 12 圈：每個針目 1 短針 [共 60 針]
第 11 圈：每個針目 1 短針 [共 60 針]

隱形收針並藏線頭。

吸管

第 1 圈：用**紅色**線，以環形起針法起 5 短針，呈輪環狀 [共 5 針]
第 2-14 圈：每個針目 1 短針 [共 5 針]

放入絨毛鐵絲後彎曲折成吸管的樣子。
收針剪線留一長線頭，用縫針將線頭穿過前半針收口，再穿過後半針將吸管縫在杯蓋中心。

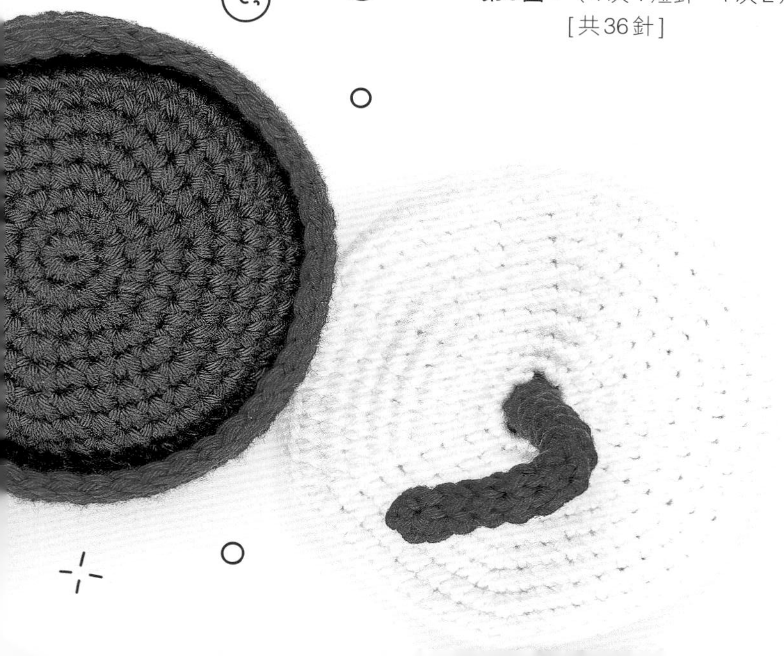

溫暖橘

橘色代表知性且充滿冒險精神，
也被視為暖意、健康、積極和動力的象徵。
當遇到困難時，橘色能帶來情緒上的正能量，
激勵我們凡事往好的一面去想。

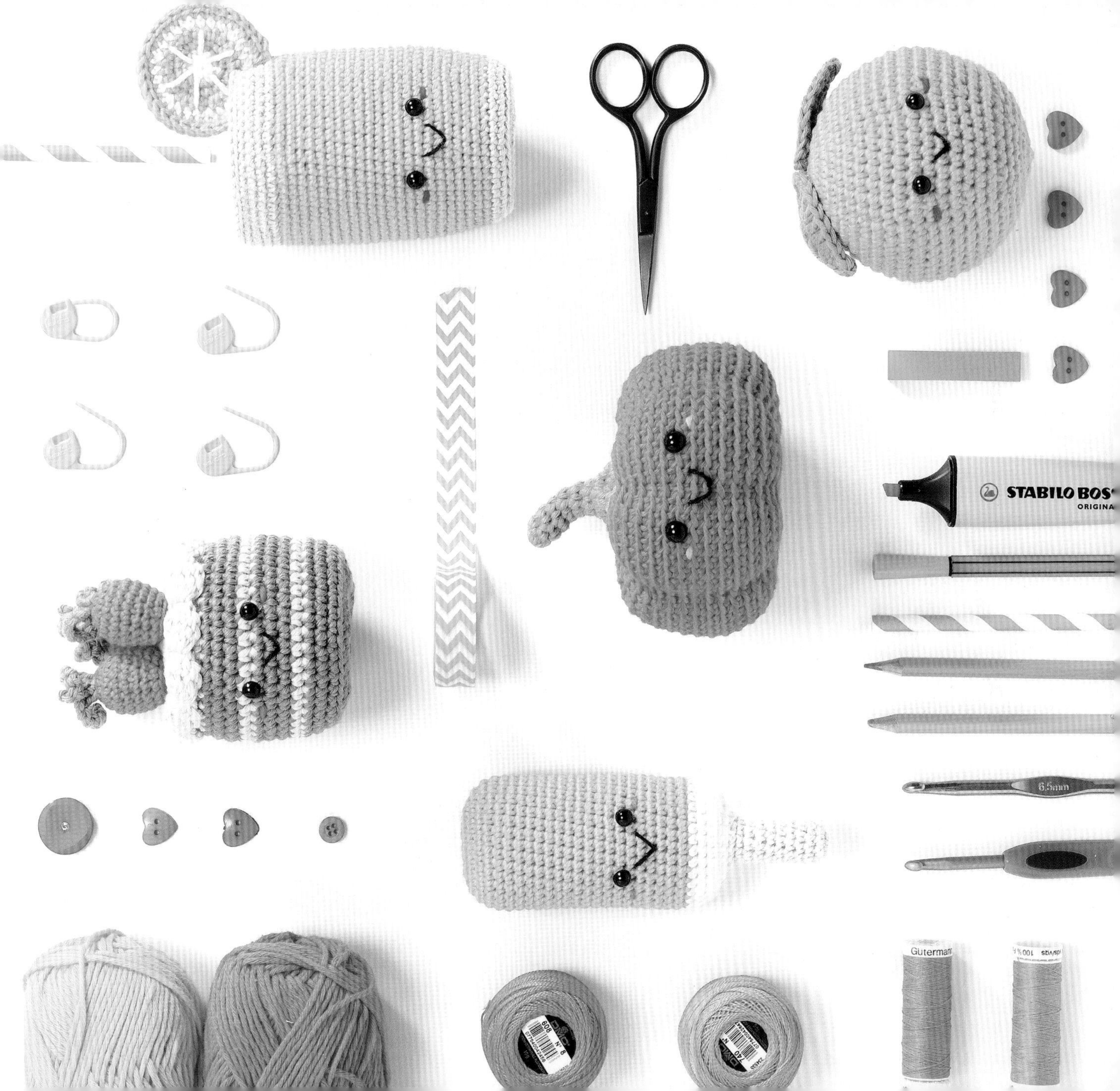
STABILO BOS
ORIGINA
6.5mm
Gütermann

CARROT CAKE
胡蘿蔔蛋糕

材料 & 工具
- 3.25mm 鉤針和 2.75mm 鉤針
- 棉質中量毛線：**咖啡色、奶油色**，各一球（50克）
- 棉質輕量毛線：**草綠色、橘色**，各一球（50克）
- 7mm 娃娃眼睛
- **橘色**及**黑色**散線
- 纖維填充物
- 縫針
- 記號別針

完成尺寸
高 11.5 公分
寬 7.5 公分

進階

織片密度
2.5 公分=5 短針 × 6 排
（中量毛線）
2.5 公分=6 短針 × 7 排
（輕量毛線）

蛋糕

從蛋糕頂部開始鉤：

第1圈：用 **3.25mm** 鉤針和**奶油色**線，以環形起針法起 6 短針，呈輪環狀[共6針]
第2圈：每個針目 2 短針[共12針]
第3圈：（1次1短針、1次2短針）6次[共18針]
第4圈：（2次1短針、1次2短針）6次[共24針]
第5圈：（3次1短針、1次2短針）6次[共30針]
第6圈：（4次1短針、1次2短針）6次[共36針]
第7圈：（5次1短針、1次2短針）6次[共42針]
第8圈：只鉤後半針，每個針目 1 短針[共42針]
第9圈：換**咖啡色**線。每個針目 1 短針[共42針]
第10-11圈：每個針目 1 短針[共42針]
第12圈：換**奶油色**線。每個針目 1 短針[共42針]
第13圈：換**咖啡色**線。每個針目 1 短針[共42針]
第14-15圈：每個針目 1 短針[共42針]
第16圈：換**奶油色**線。每個針目 1 短針[共42針]
第17圈：換**咖啡色**線。每個針目 1 短針[共42針]
第18-19圈：每個針目 1 短針[共42針]

將 7mm 娃娃眼睛嵌進**第12**和**第13圈**之間，中間相隔四個針目，開始放進填充物。

第20圈：只鉤後半針，（5 次 1 短針、1 短針減針）6 次[共36針]
第21圈：（4 次 1 短針、1 短針減針）6次[共30針]

第22圈：（3次1短針、1短針減針）6次[共24針]
第23圈：（2次1短針、1短針減針）6次[共18針]
第24圈：（1次1短針、1短針減針）6次[共12針]
第25圈：（1短針減針）6次[共6針]

塞滿填充物，收針並留一長尾線後剪線。用縫針將尾線穿過整圈前半針收口，藏線頭。

開始塑型，先將縫針自底部中心穿進去，從頂部中心拉出，再從頂部穿進去，從略偏離底部中心的位置拉出來。再次將縫針穿進底部中心，自頂部中心拉出，稍微把線拉緊，使蛋糕底部出現凹槽。收尾剪線並藏線頭。

蛋糕以**奶油色**邊朝上為頂部，使用**黑色**和**橘色**毛線縫上嘴巴跟臉頰（請參考P116）。

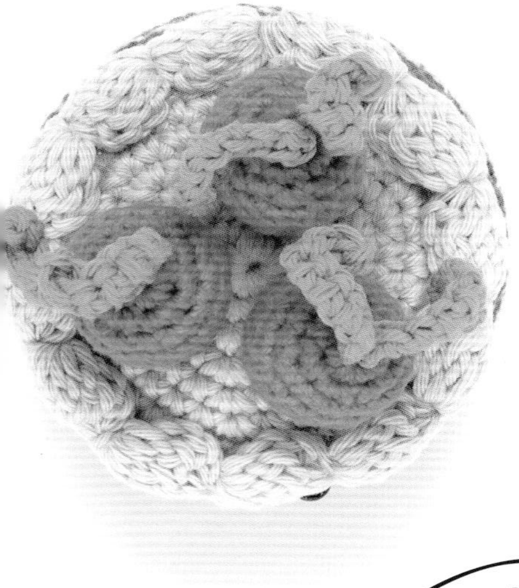

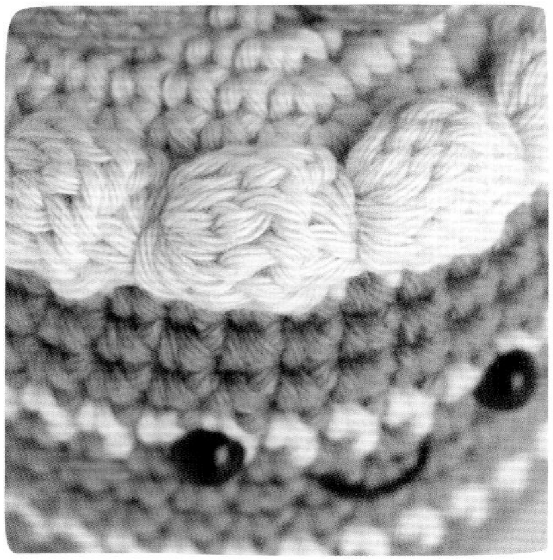

糖霜

第1排：用**3.25mm**鉤針和**奶油色**線，（起4鎖針，自鉤針側算起第四個針目裡鉤五長針泡泡針）12次，再鉤1鎖針[共12泡泡針]

收針剪線並藏線頭，沿著蛋糕頂部邊緣固定。

胡蘿蔔葉（製作6個）

用**2.75mm**鉤針和**草綠色**線，起10鎖針。
第1排：從鉤針側算起第二鎖針開始，鉤9次1短針[共9針]

收針剪線並藏線頭。每個胡蘿蔔上固定兩片胡蘿蔔葉。

胡蘿蔔（製作3個）

第1圈：用**2.75mm**鉤針和**橘色**線，以環形起針法起6短針，呈輪環狀[共6針]
第2圈：每個針目2短針[共12針]
第3圈：（1次1短針、1次2短針）6次[共18針]
第4-5圈：每個針目1短針[共18針]
第6圈：（4次1短針、1短針減針）3次[共15針]
第7圈：每個針目1短針[共15針]
第8圈：（3次1短針、1短針減針）3次[共12針]
第9圈：每個針目1短針[共12針]
第10圈：只鉤後半針，（1短針減針）6次[共6針]

塞滿填充物，收針並留一長尾線後剪線。用縫針將尾線穿過整圈前半針收口，藏線頭。並固定胡蘿蔔於蛋糕上。

CREAMSICLE
柳橙雪糕

材料＆工具
- 2.75mm鉤針
- 棉質輕量毛線：**橘色**、**白色**、**棕黃色**，各一球（50克）
- 7mm娃娃眼睛
- **深橘色**及**黑色**散線
- 纖維填充物
- 縫針
- 記號別針

完成尺寸
高14公分
寬5公分

織片密度
2.5公分=6短針 × 7排

入門

柳橙雪糕

使用**橘色**線，起7鎖針。

第1圈：從鉤針側算起第二個鎖針的針目開始，鉤2短針，接著4次1短針，最後一針目再鉤4短針。此時再從另一側的針目開始，依序鉤4次1短針，最後一針目鉤2短針[共16針]
第2圈：依序鉤2次2短針、5次1短針、3次2短針，5次1短針，最後一針目鉤2短針[共22針]
第3圈：依序鉤3次2短針、7次1短針、4次2短針、7次1短針，最後一針目鉤進2短針[共30針]
第4-24圈：每個針目1短針[共30針]
第25圈：換**白色**線。每個針目1短針[共30針]
第26-27圈：每個針目1短針[共30針]

將7mm娃娃眼睛嵌進**第18**和**第19圈**之間，中間相隔四個針目，並放填充物。

第28圈：只鉤後半針，（1短針減針）4次、7次1短針、（1短針減針）4次、7次1短針[共22針]
第29圈：（1短針減針）3次、5次1短針、（1短針減針）3次、5次1短針[共16針]
第30圈：換**棕黃色**線。（1短針減針）2次、2次1短針、（1短針減針）3次、2次1短針，1短針減針[共10針]
第31-39圈：每個針目1短針[共10針]

塞滿填充物，收針並留一長尾線後剪線。用縫針將尾線穿過整圈前半針收口，藏線頭。

使用**黑色**和**深橘色**毛線縫上嘴巴跟臉頰（請參考P116）。

ORANGE 柳丁

材料＆工具

・3.25mm鉤針
・棉質中量毛線：**橘色、草綠色**，各一球（50克）
・7mm娃娃眼睛
・**紅色**及**黑色**散線
・纖維填充物
・縫針
・記號別針

完成尺寸

高9公分
寬9公分

織片密度

2.5公分=5短針×6排

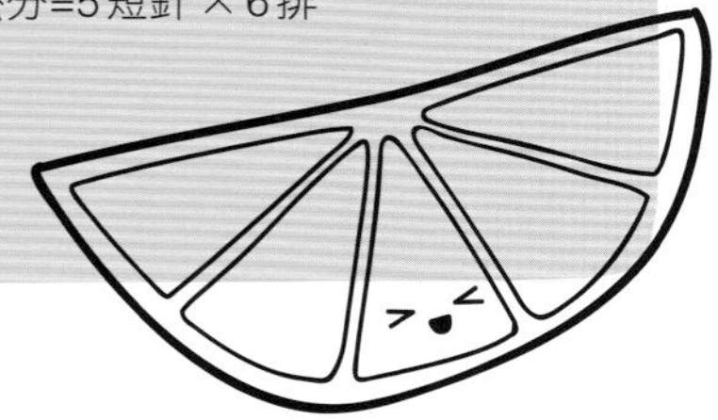

柳丁

第1圈：用**草綠色**線，以環形起針法起6短針，呈輪環狀[共6針]
第2圈：換**橘色**線，每個針目2短針[共12針]
第3圈：（1次1短針、1次2短針）6次[共18針]
第4圈：（2次1短針、1次2短針）6次[共24針]
第5圈：（3次1短針、1次2短針）6次[共30針]
第6圈：（4次1短針、1次2短針）6次[共36針]
第7圈：每個針目1短針[共36針]
第8圈：（5次1短針、1次2短針）6次[共42針]
第9圈：每個針目1短針[共42針]
第10圈：（6次1短針、1次2短針）6次[共48針]
第11圈：每個針目1短針[共48針]
第12圈：（7次1短針、1次2短針）6次[共54針]
第13圈：每個針目1短針[共54針]
第14圈：（7次1短針、1短針減針）6次[共48針]
第15-16圈：每個針目1短針[共48針]
第17圈：（6次1短針、1短針減針）6次[共42針]
第18-19圈：每個針目1短針[共42針]

將7mm娃娃眼睛嵌進**第13**和**第14圈**之間，中間相隔五個針目，並放進填充物。

第20圈：（5次1短針、1短針減針）6次[共36針]
第21圈：（4次1短針、1短針減針）6次[共30針]
第22圈：（3次1短針、1短針減針）6次[共24針]
第23圈：（2次1短針、1短針減針）6次[共18針]
第24圈：（1次1短針、1短針減針）6次[共12針]
第25圈：（1短針減針）6次[共6針]

塞滿填充物，收尾並留一長尾線後剪線。用縫針將尾線穿過整圈前半針收口後，藏線頭。

使用**黑色**和**紅色**毛線縫上嘴巴跟臉頰（請參考P116）。

葉子（製作2片）

使用**草綠色**線，起10鎖針。

第1圈：自鉤針側算起第二鎖針的針目開始，依序鉤1引拔針、1短針、1中長針、4次1長針、1中長針，最後一針目鉤3短針。再從另一側依序往回鉤1中長針、4次1長針、1中長針、1短針、1引拔針，最後用引拔針鉤進一開始跳過的第一個鎖針。

隱形收針（請參考P112），藏線頭，固定於柳橙頂端。

葉子織圖

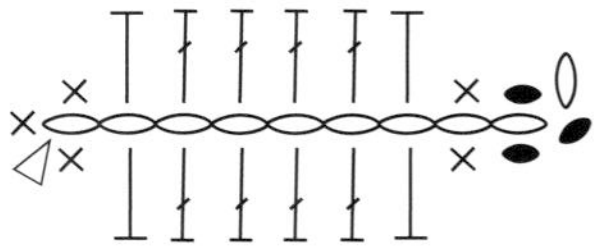

ORANGE JUICE
柳橙汁

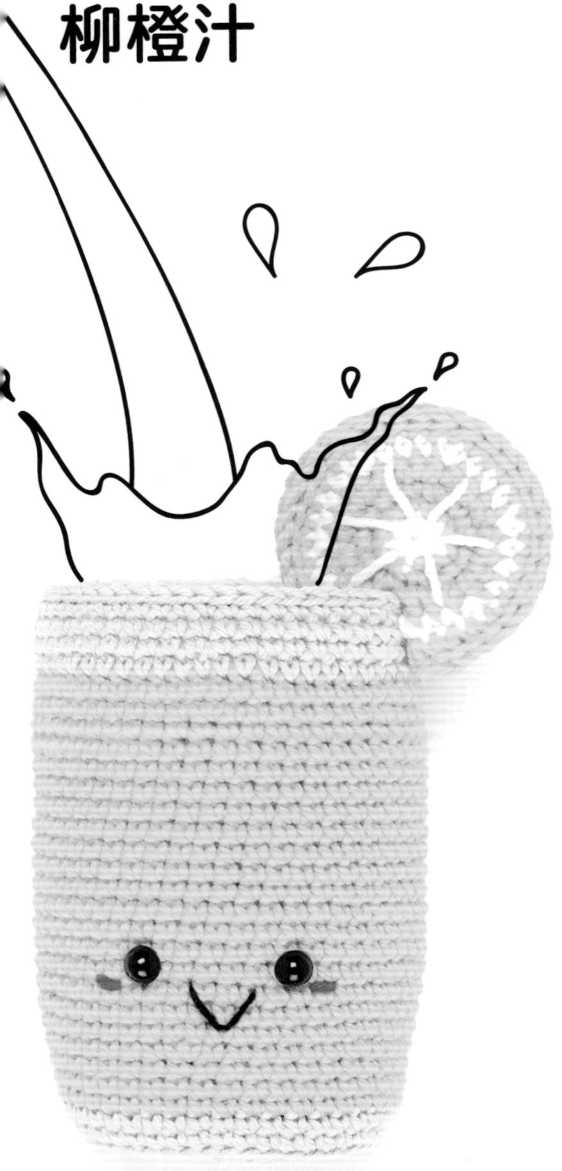

材料＆工具
- 2.75mm鉤針
- 棉質輕量毛線：**橘色**、**灰色**、**白色**，各一球（50克）
- 7mm娃娃眼睛
- **紅色**及**黑色**散線
- 纖維填充物
- 縫針
- 記號別針

完成尺寸
高14分
寬7.5公分

織片密度
2.5公分=6短針×7排

進階

果汁

第1圈：用**橘色**線，以環形起針法起6短針，呈輪環狀[共6針]
第2圈：每個針目2短針[共12針]
第3圈：（1次1短針、1次2短針）6次[共18針]
第4圈：（2次1短針、1次2短針）6次[共24針]
第5圈：（3次1短針、1次2短針）6次[共30針]
第6圈：（4次1短針、1次2短針）6次[共36針]
第7圈：（5次1短針、1次2短針）6次[共42針]
第8圈：（6次1短針、1次2短針）6次[共48針]
第9圈：（7次1短針、1次2短針）6次[共54針]

隱形收針（請參考 P112）並藏線頭。

杯身

第1圈：用**灰色**線，以環形起針法起6短針，呈輪環狀[共6針]
第2圈：每個針目2短針[共12針]
第3圈：（1次1短針、1次2短針）6次[共18針]
第4圈：（2次1短針、1次2短針）6次[共24針]
第5圈：（3次1短針、1次2短針）6次[共30針]
第6圈：（4次1短針、1次2短針）6次[共36針]
第7圈：（5次1短針、1次2短針）6次[共42針]
第8圈：只鉤後半針，每個針目1短針[共42針]
第9圈：每個針目1短針[共42針]
第10圈：換**橘色**線。每個針目1短針[共42針]
第11-13圈：每個針目1短針[共42針]

第14圈：（6次1短針、1次2短針）6次[共48針]
第15-29圈：每個針目1短針[共48針]

將7mm娃娃眼睛嵌進**第17**和**第18圈**之間，中間相隔五個針目，開始放進填充物。

第30圈：（7次1短針、1次2短針）6次[共54針]
第31圈：每個針目1短針[共54針]

隱形收針並藏線頭，塞滿填充物。

第32圈：將果汁放進杯身裡，杯身**第31圈**對齊果汁**第9圈**的針數。使用**灰色**線，以短針拼接兩織片（請參考P115）[共54針]

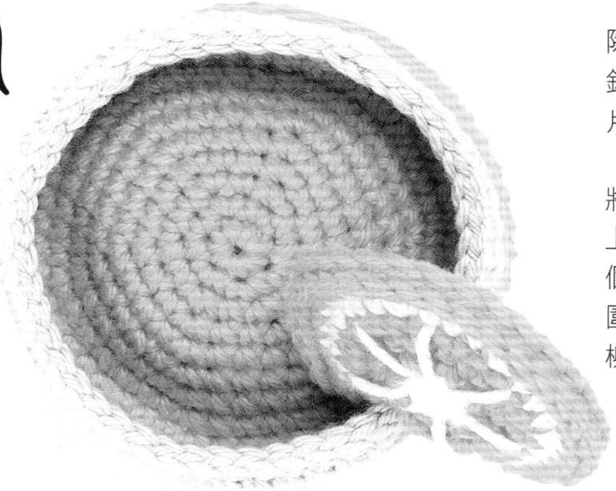

第33圈：起1鎖針，（7次短針，1短針減針）6次，繞回第一針鉤進1引拔針，連接上下圈[共48針]
第34-35圈：每個針目1短針[共48針]
第36圈：每個針目1引拔針[共48針]

隱形收針並藏線頭。使用**黑色**和**紅色**毛線縫上嘴巴跟臉頰（請參考P116）。

開始塑型，先將縫針自底部中心穿進去，從頂部中心拉出，再從頂部穿進去，從略偏離底部中心的位置拉出。再次將縫針自底部中心穿進去，自頂部中心拉出，稍微把線拉緊，使杯底出現凹槽。收尾剪線並藏線頭。

柳丁切片（製作2個）

第1圈：用**白色**線，以環形起針法起6短針，呈輪環狀[共6針]
第2圈：換**橘色**線。每個針目2短針[共12針]

從現在開始於每排結束後翻面繼續下一排步驟，以鉤出柳橙切片的「切口」部分，完成後能剛好卡在杯子邊緣。

第3排：起1鎖針，（1次1短針、1次2短針）6次，翻面[共18針]
第4排：起1鎖針，（2次1短針、1次2短針）6次，翻面[共24針]
第5排：換**白色**線。起1鎖針，（3次1短針、1次2短針）6次，翻面[共30針]
第6排：換**橘色**線。起1鎖針，整排每個針目鉤1短針[共30針]

隱形收針並藏線頭。使用**白色**線和縫針，縫上6等分線。再鉤織第二個柳橙切片，但完成第6排之後先不剪線。

將第二個柳橙片對齊放在第一個柳橙片上，確認兩織片的正面朝外，使用第二個柳橙片的**橘色**尾線，以引拔針沿著外圍，將兩個柳橙片拼接在一起，最後將柳橙切片固定於杯子邊緣。

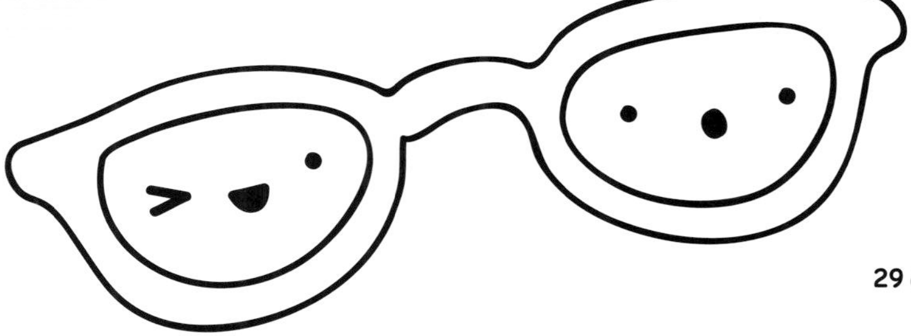

PUMPKiN 南瓜

材料＆工具

- 3.25mm鉤針
- 棉質中量毛線：**橘色、草綠色**，各一球（50克）
- 8mm娃娃眼睛
- **黃色**及**黑色**散線
- 纖維填充物
- 縫針
- 記號別針

完成尺寸

長10公分
寬11.5公分

織片密度

2.5公分=5短針×6排

入門

南瓜

從南瓜底部開始鉤：

第1圈：用**橘色**線，以環形起針法起7短針，呈輪環狀[共7針]
第2圈：只鉤後半針。每個針目2短針[共14針]
第3圈：只鉤後半針。（1次1短針、1次2短針）7次[共21針]
第4圈：只鉤後半針。（2次1短針、1次2短針）7次[共28針]
第5圈：只鉤後半針。（3次1短針、1次2短針）7次[共35針]
第6圈：只鉤後半針。（4次1短針、1次2短針）7次[共42針]
第7圈：只鉤後半針。（5次1短針、1次2短針）7次[共49針]
第8圈：只鉤後半針。（6次1短針、1次2短針）7次[共56針]
第9圈：只鉤後半針。（7次1短針、1次2短針）7次[共63針]
第10-19圈：只鉤後半針。每個針目1短針[共63針]
第20圈：只鉤後半針。（7次1短針、1短針減針）7次[共56針]
第21圈：只鉤後半針。（3次1短針、1短針減針，3短針）7次[共49針]
第22圈：只鉤後半針。（5次1短針、1短針減針）7次[共42針]

將8mm娃娃眼睛嵌進**第15**和**第16圈**之間，中間相隔五個針目，開始放進填充物。

第23圈：只鉤後半針。（2次1短針、1短針減針，2次短針）7次[共35針]
第24圈：只鉤後半針。（3次1短針、1短針減針）7次[共28針]
第25圈：只鉤後半針。（1次1短針、1短針減針，1次1短針）7次[共21針]
第26圈：只鉤後半針。（1次1短針、1短針減針）7次[共14針]
第27圈：只鉤後半針。（1短針減針）7次[共7針]

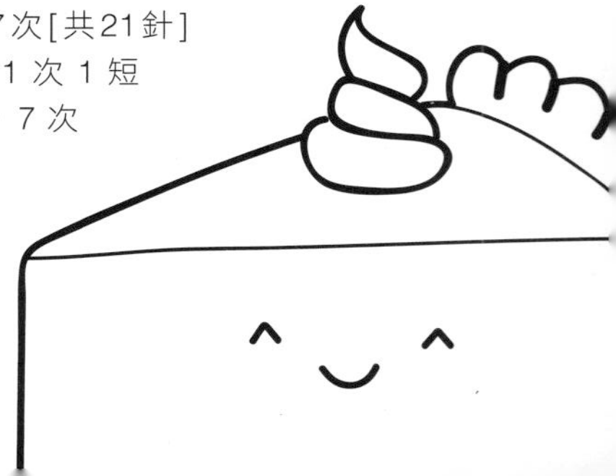

塞滿填充物，收針留一長 102 公分的尾線後剪線。

用縫針將尾線穿過整圈後半針收口，再從頂部中心穿進去，自底部中心拉出。

為了做出南瓜表面凹凸形狀，先從底部中心將縫針沿著側邊穿過前半針下方，朝上垂直穿到頂部中心（如圖1）。

接著再將縫針從頂部中心穿至底部中心（如圖 2），稍微拉緊毛線，在南瓜表面形成凹陷的一條線。

重複以上步驟直到完成 7 條凹陷的線，從**第 15 圈**算，每條凹陷的線各相距八個針目，第一條線在兩個眼睛的中間（如圖3跟4）。

南瓜梗

第1圈：用**綠色**線，以環形起針法起 6 短針，呈輪環狀[共6針]
第2-7圈：每個針目1短針[共6針]
第8圈：每個針目2短針[共12針]
第9圈：（2 次 1 短針、1 次 2 短針）4 次[共16針]
第10圈：（3 次 1 短針、1 次 2 短針）4 次[共20針]

不塞填充物，收針留一長尾線後剪線。

用縫針把南瓜梗**第 10 圈**對齊南瓜**第 25 圈**，與南瓜圈上的前半針縫在一起，將南瓜梗固定在南瓜上（請參考 P115），完成後收尾並藏線頭。

1

2

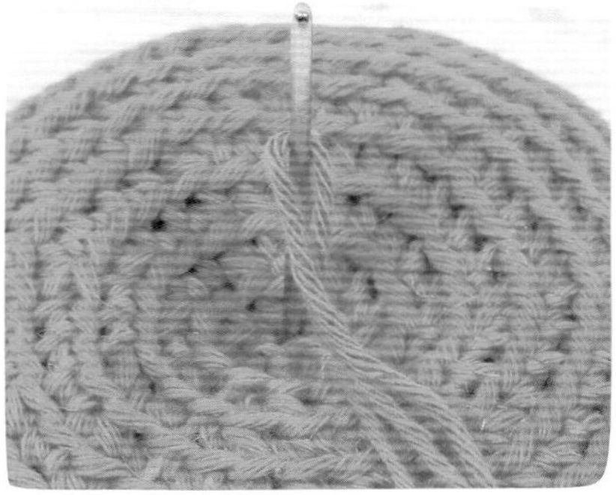

3

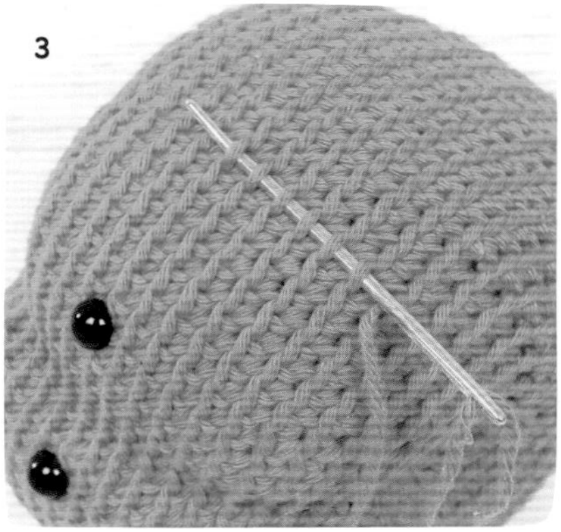

4

幸運黃

黃色是幸福的顏色，也是色環上最明亮顯眼的顏色。
陽光、快樂、幽默、創意和樂趣，都是屬於黃色的象徵。
在色彩心理學中，黃色有助於釐清思緒和想法，幫助下決策。

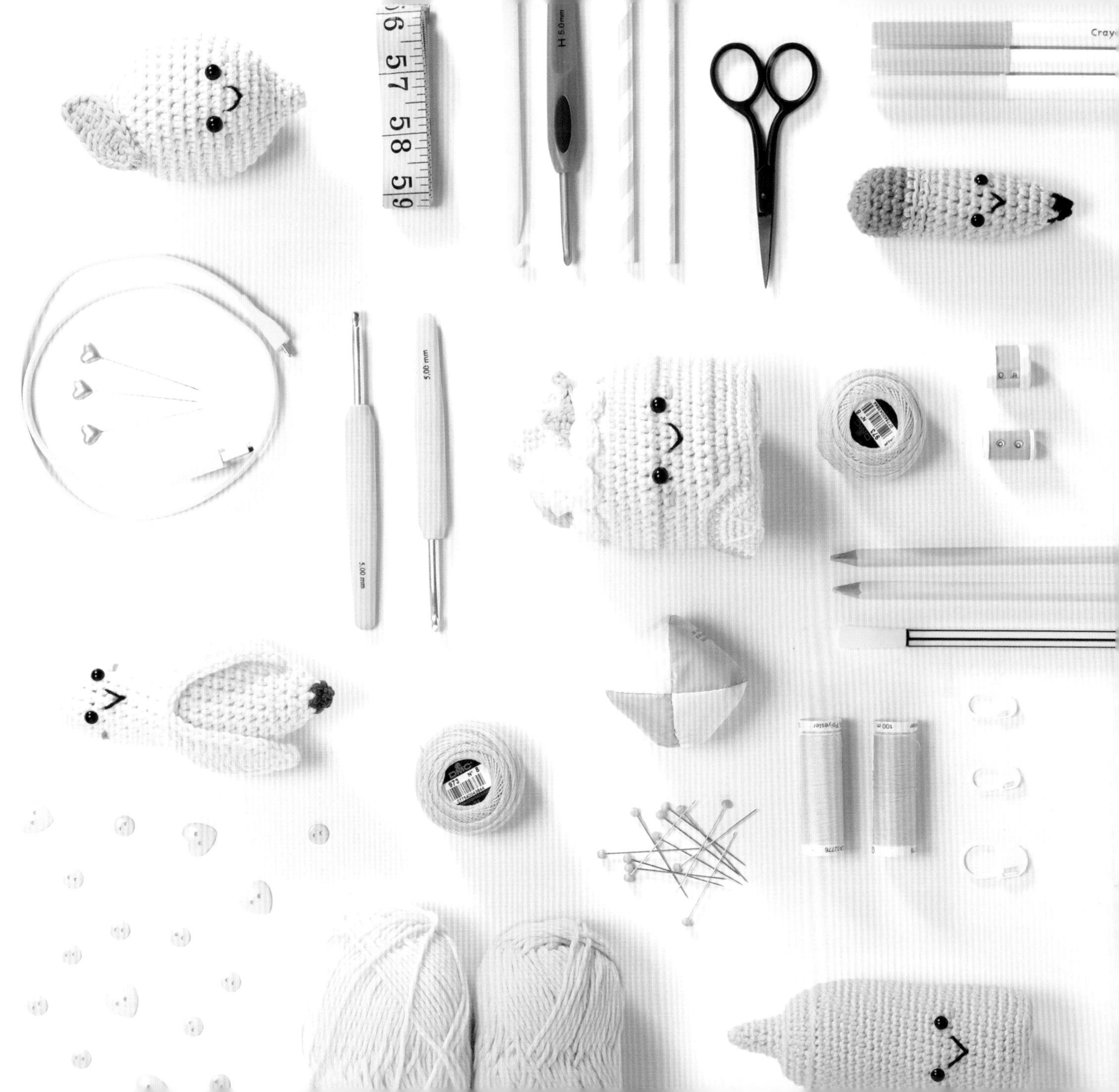
H 5.0mm
5.00 mm

BANANA
香蕉

材料&工具
- 3.25mm鉤針
- 棉質中量毛線：**白色**、**黃色**、**咖啡色**，各一球（50克）
- 6mm娃娃眼睛
- **粉紅色**及**黑色**散線
- 纖維填充物
- 縫針
- 記號別針

完成尺寸
長12.5公分
寬5公分

織片密度
2.5公分=5短針×6排

入門

香蕉

第1圈：用**白色**線，以環形起針法起6短針，呈輪環狀[共6針]
第2圈：每個針目2短針[共12針]
第3圈：每個針目1短針[共12針]
第4圈：（2次1短針、1次2短針）4次[共16針]
第5-12圈：每針目1短針[共16針]
第13圈：（7次1短針、1次2短針）2次[共18針]
第14圈：換**黃色**線。只鉤前半針，（3次1短針、鉤10鎖針，自鉤針側算起第二針目開始，沿著鎖針連鉤9次1短針，再鉤3次1短針）3次
第15圈：（鉤1引拔針，跳過下兩個針目，鉤6次1長針、2次1中長針、1短針、1短針+3鎖針，再於第14圈跳過的第一個鎖針針目開始，鉤1引拔針、1短針、2中長針、6次1長針，跳過下兩針目，鉤1引拔針）3次

將6mm娃娃眼睛嵌進**第6**和**第7圈**之間，中間相隔兩個針目，讓兩顆眼睛位置剛好落在兩片香蕉皮之間，並開始放進填充物。

第16圈：從**第14圈**的後半針開始鉤，每個針目1短針[共18針]

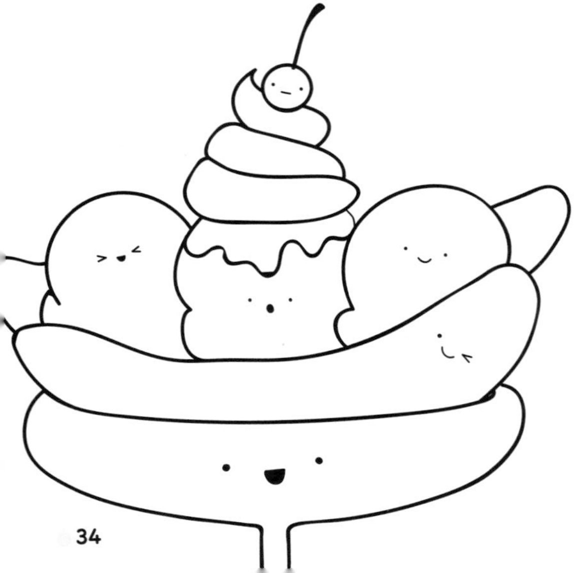

香蕉皮織圖

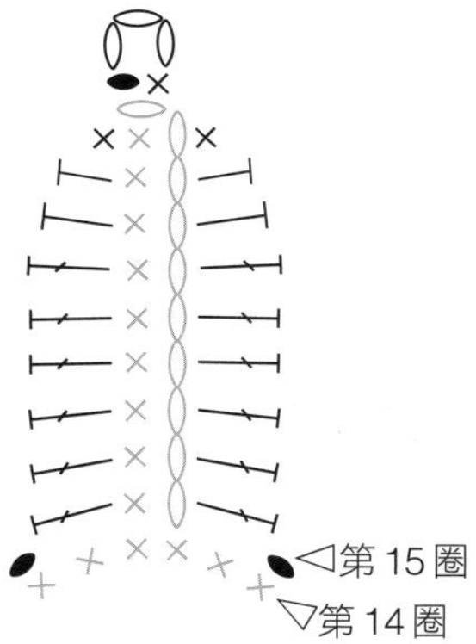

第17-25圈：每個針目1短針[共18針]

第26圈：（1次1短針、1短針減針）6次[共12針]

第27圈：每針目1短針[共12針]

第28圈：（1短針減針）6次[共6針]

第29圈：換**咖啡色**線。每個針目1短針[共6針]

塞滿填充物，收針並留一長尾線後剪線。用縫針將尾線穿過整圈前半針收口，藏線頭。

使用**黑色**和**粉紅色**毛線縫上嘴巴跟臉頰（請參考P116）。

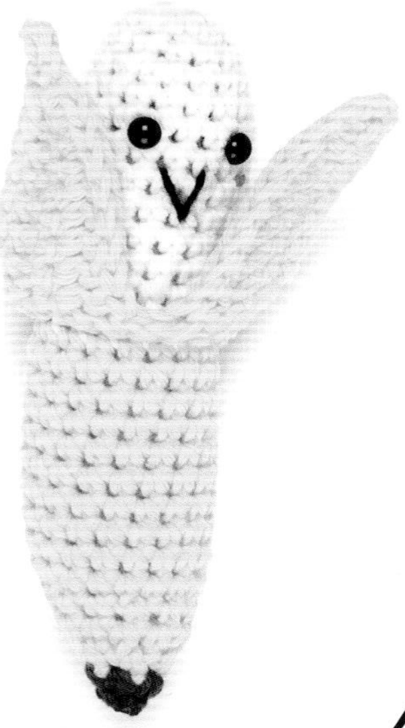

「蕉」給我吧！

當朋友感到失落或需要幫忙時，送他一個營養滿分的香蕉當禮物打氣，並附上小紙條寫著：「『蕉』給我吧！」

LEMON
檸檬

材料＆工具
・3.25mm 鉤針
・棉質中量毛線：**黃色**、**萊姆綠色**，各一球（50克）
・7mm 娃娃眼睛
・**綠色**及**黑色**散線
・纖維填充物
・縫針
・記號別針

完成尺寸
長 10 公分
寬 6 公分

織片密度
2.5 公分=5 短針 × 6 排

檸檬

從檸檬底部開始鉤：

第 1 圈：用**黃色**線，以環形起針法起 6 短針，呈輪環狀 [共 6 針]
第 2 圈：每個針目 2 短針 [共 12 針]
第 3 圈：每個針目 1 短針 [共 12 針]
第 4 圈：（1 次 1 短針、1 次 2 短針）6 次 [共 18 針]
第 5 圈：（2 次 1 短針、1 次 2 短針）6 次 [共 24 針]
第 6 圈：（3 次 1 短針、1 次 2 短針）6 次 [共 30 針]
第 7 圈：（4 次 1 短針、1 次 2 短針）6 次 [共 36 針]
第 8-16 圈：每個針目 1 短針 [共 36 針]

將 7mm 娃娃眼睛嵌進**第 10** 和**第 11 圈**之間，中間相隔三個針目，並放進填充物。

第 17 圈：（4 次 1 短針、1 短針減針）6 次 [共 30 針]
第 18 圈：（3 次 1 短針、1 短針減針）6 次 [共 24 針]
第 19 圈：（2 次 1 短針、1 短針減針）6 次 [共 18 針]
第 20 圈：每個針目 1 短針 [共 18 針]
第 21 圈：（1 次 1 短針、1 短針減針）6 次 [共 12 針]
第 22-23 圈：每個針目 1 短針 [共 12 針]
第 24 圈：（1 短針減針）6 次 [共 6 針]

塞滿填充物，收針並留一長尾線後剪線。用縫針將尾線穿過整圈前半針收口，並藏好線頭。

使用**黑色**和**綠色**毛線縫上嘴巴跟臉頰（請參考 P116）。

葉子

使用**萊姆綠色**線，起 10 鎖針。

第 1 圈：自鉤針側算起第二針目開始，依序鉤 1 引拔針、1 短針、1 中長針、4 次 1 長針、1 中長針，最後一針目鉤 3 短針。再從另一側的針目開始，依序鉤 1 中長針、4 次 1 長針、1 中長針、1 短針、1 引拔針，最後用引拔針鉤進一開始跳過的第一個鎖針。

隱形收針（請參考 P112），藏線頭，固定於檸檬頂端。

葉子織圖

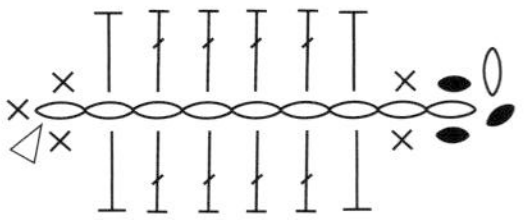

PENCiL
鉛筆

材料＆工具

- 3.25mm鉤針
- 棉質中量毛線：**粉紅色**、**灰色**、**黃色**、**棕黃色**、**黑色**，各一球（50克）
- 6mm娃娃眼睛
- **黑色**散線
- 纖維填充物
- 縫針
- 記號別針

完成尺寸

長9公分
寬4公分

織片密度

2.5公分=5短針×6排

入門

鉛筆

第1圈：用**粉紅色**線，以環形起針法起6短針，呈輪環狀[共6針]
第2圈：每個針目2短針[共12針]
第3圈：（3次1短針、1次2短針）3次[共15針]
第4圈：只鉤後半針，每個針目1短針[共15針]
第5-6圈：每個針目1短針[共15針]
第7圈：換**灰色**線。每個針目1短針[共15針]
第8圈：只鉤後半針，每個針目1短針[共15針]
第9圈：換**黃色**線。只鉤後半針，每個針目1短針[共15針]
第10-16圈：每個針目1短針[共15針]

將6mm娃娃眼睛嵌進**第13**和**第14圈**之間，中間相隔兩個針目，並開始放進填充物。

第17圈：換**棕黃色**線。（1短針減針、3次1短針）3次[共12針]
第18圈：每個針目1短針[共12針]
第19圈：（1短針減針、2次1短針）3次[共9針]
第20圈：換**黑色**線。（1短針減針、1次1短針）3次[共6針]

塞滿填充物，收針並留一長尾線後剪線。用縫針將尾線穿過整圈前半針收口，藏線頭。

使用**黑色**毛線縫上嘴巴（請參考P116）。

LEMON CAKE
檸檬蛋糕

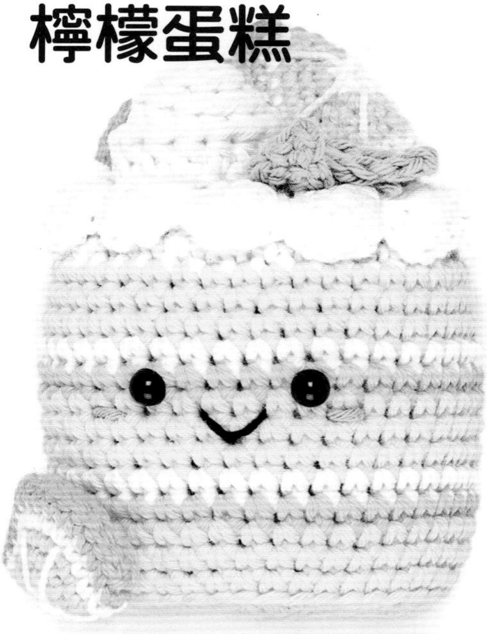

材料＆工具
- 3.25mm 鉤針和 2.75mm 鉤針
- 棉質中量毛線：**白色、淺黃色、深黃色**，各一球（50 克）
- 棉質輕量毛線：**白色、淺黃色、深黃色、萊姆綠色**，各一球（50 克）
- 7mm 娃娃眼睛
- **綠色**及**黑色**散線
- 纖維填充物
- 縫針
- 記號別針

完成尺寸
高 10 公分
寬 7.5 公分

織片密度
2.5 公分=5 短針 × 6 排
（中量毛線）
2.5 公分=6 短針 × 7 排
（輕量毛線）

蛋糕

製作蛋糕和糖霜時，所有步驟皆使用中量毛線。從蛋糕頂部開始鉤：

第 1 圈：用 **3.25mm** 鉤針和**白色**線，以環形起針法起 6 短針，呈輪環狀 [共 6 針]
第 2 圈：每個針目 2 短針 [共 12 針]
第 3 圈：（1 次 1 短針、1 次 2 短針）6 次 [共 18 針]
第 4 圈：（2 次 1 短針、1 次 2 短針）6 次 [共 24 針]
第 5 圈：（3 次 1 短針、1 次 2 短針）6 次 [共 30 針]
第 6 圈：（4 次 1 短針、1 次 2 短針）6 次 [共 36 針]
第 7 圈：（5 次 1 短針、1 次 2 短針）6 次 [共 42 針]
第 8 圈：只鉤後半針，每個針目 1 短針 [共 42 針]
第 9 圈：換**淺黃色**線。每個針目 1 短針 [共 42 針]
第 10-11 圈：每個針目 1 短針 [共 42 針]
第 12 圈：換**白色**線。每個針目 1 短針 [共 42 針]
第 13 圈：換**深黃色**線。每個針目 1 短針 [共 42 針]
第 14 圈：換**淺黃色**線。每個針目 1 短針 [共 42 針]
第 15-16 圈：每個針目 1 短針 [共 42 針]
第 17 圈：換**白色**線。每個針目 1 短針 [共 42 針]
第 18 圈：換**深黃色**線。每個針目 1 短針 [共 42 針]
第 19 圈：換**淺黃色**線。每個針目 1 短針 [共 42 針]
第 20-21 圈：每個針目 1 短針 [共 42 針]

將 7mm 娃娃眼睛嵌進**第 13** 和**第 14 圈**之間，中間相隔四個針目，開始放進填充物。

第 22 圈：只鉤後半針，（鉤 5 次短針、1 短針減針）6 次 [共 36 針]
第 23 圈：（4 次 1 短針、1 短針減針）6 次 [共 30 針]
第 24 圈：（3 次 1 短針、1 短針減針）6 次 [共 24 針]
第 25 圈：（2 次 1 短針、1 短針減針）6 次 [共 18 針]
第 26 圈：（1 次 1 短針、1 短針減針）6 次 [共 12 針]
第 27 圈：（1 短針減針）6 次 [共 6 針]

塞滿填充物，收針並留一長尾線後剪線。用縫針將尾線穿過整圈前半針收口，藏線頭。

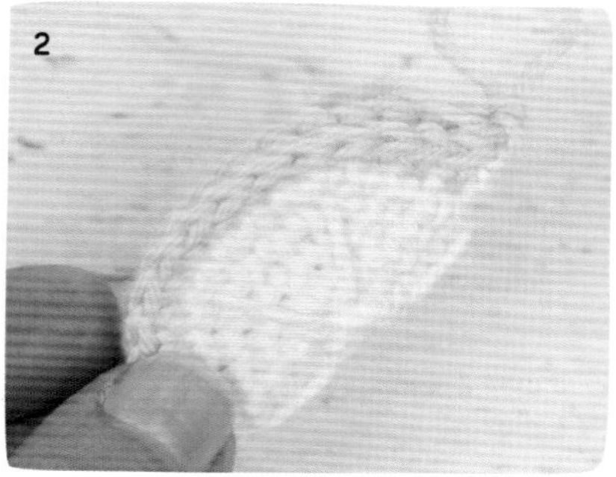

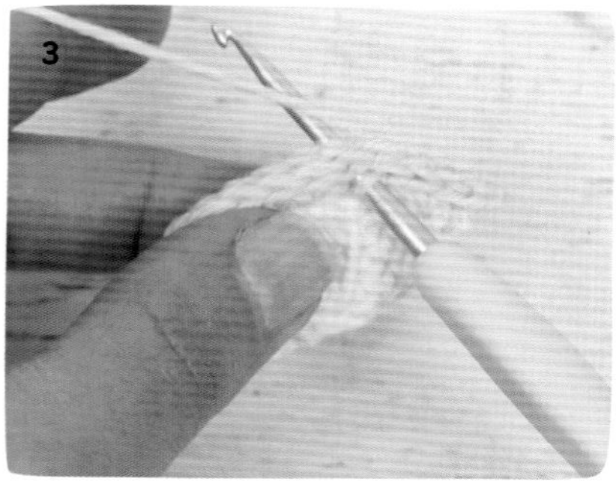

開始塑型，先將縫針自底部中心穿進去，從頂部中心拉出，再從頂部穿進去，從略偏離底部中心的位置拉出。再次將縫針自底部中心穿進去，自頂部中心拉出，稍微把線拉緊，使蛋糕底部出現凹槽。收尾剪線並藏線頭。

蛋糕的**白色**邊朝上，使用**黑色**和**綠色**毛線縫上嘴巴跟臉頰（請參考P116）。

糖霜

第1排：用**3.25mm**鉤針和**白色**線，（起4鎖針，自鉤針側算起第四針目裡鉤五長針泡泡針）12次，再鉤1鎖針[共12泡泡針]

收針剪線並藏線頭，沿著蛋糕頂部邊緣固定。

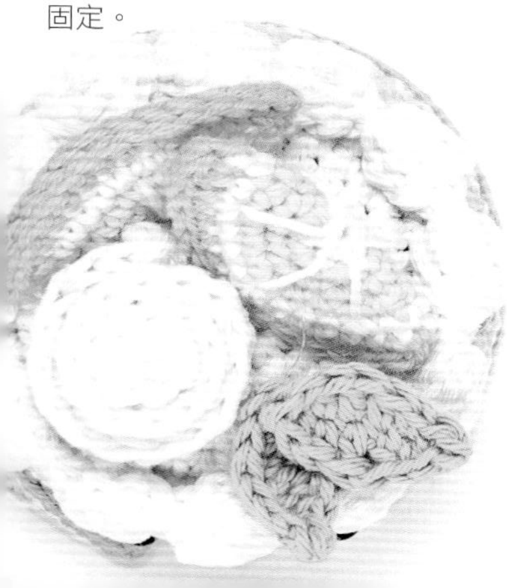

檸檬片（製作 3 片）

製作檸檬片時使用輕量毛線。

第1圈：用**2.75mm**鉤針和**白色**線，以環形起針法起6短針，呈輪環狀[共6針]

第2圈：換**淺黃色**線。每個針目2短針[共12針]

第3圈：（1次1短針、1次2短針）6次[共18針]

第4圈：（2次1短針、1次2短針）6次[共24針]

第5圈：換**白色**線。（3次1短針、1次2短針）6次[共30針]

第6圈：換**深黃色**線。每個針目1短針[共30針]

先不剪線，用**白色**線和縫針，在檸檬片上縫出6等分線（如圖1）。再將檸檬片對折（如圖2）。

用鉤完**第6圈**的同一條線，將對折後的檸檬片**第6圈**兩邊所對應的針目，以引拔針鉤併在一起（如圖3）。

收針剪線藏線頭，將2片檸檬片固定於蛋糕上方，1片檸檬片固定於蛋糕側邊。

鮮奶油

用中量毛線鉤製鮮奶油。
用**3.25mm**鉤針和**白色**線，起36鎖針。

第1排：從鉤針側算起的第二針目開始，連鉤35中長針[共35針]

收針並留一長尾線後剪線，用縫針和尾線將鮮奶油縫成螺旋狀，並固定於蛋糕上。

葉子（製作 2 片）

用**2.75mm**鉤針及**萊姆綠色**線，起7鎖針。

第1排：自鉤針側算起第二針目，依序鉤1引拔針、1短針、1中長針、1長針、1中長針，最後一針目鉤3短針。再從另一邊的針目，依序鉤回1中長針、1長針、1中長針、1短針、1引拔針，最後用引拔針鉤進一開始跳過的第一個鎖針。[共13針]

隱形收針（請參考P112），藏線頭，固定於蛋糕頂端。

MUSTARD BOTTLE 黃芥末醬瓶

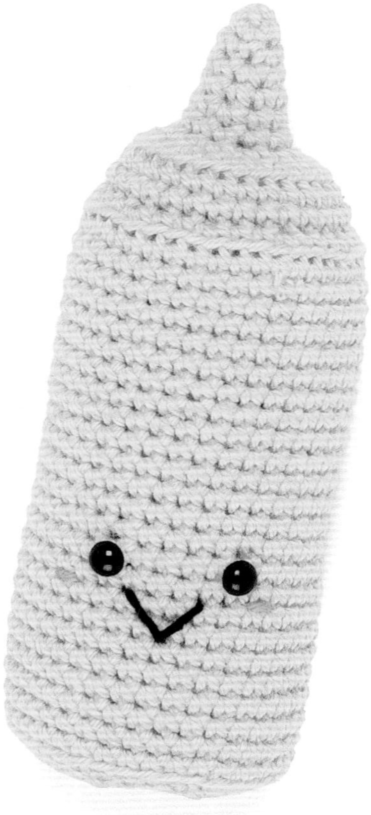

材料＆工具
- 2.75mm 鉤針
- 棉質輕量毛線：
  黃色，一球（50克）
- 6mm 娃娃眼睛
- **橘色**及**黑色**散線
- 纖維填充物
- 縫針
- 記號別針

完成尺寸
高13公分
寬5公分

織片密度
2.5公分＝6短針×7排

入門

黃芥末醬瓶

第1圈：用**黃色**線，以環形起針法起4短針，呈輪環狀[共4針]
第2圈：每個針目1短針[共4針]
第3圈：（1次1短針、1次2短針）2次[共6針]
第4圈：每個針目1短針[共6針]
第5圈：（2次1短針、1次2短針）2次[共8針]
第6圈：每個針目1短針[共8針]
第7圈：（3次1短針、1次2短針）2次[共10針]
第8圈：每個針目1短針[共10針]
第9圈：只鉤前半針，每個針目2短針[共20針]
第10圈：（1次1短針、1次2短針）10次[共30針]
第11圈：只鉤後半針，每個針目1短針[共30針]
第12圈：每個針目1短針[共30針]
第13圈：只鉤前半針，（2次1短針、1次2短針）10次[共40針]
第14圈：只鉤後半針，每個針目1短針[共40針]
第15圈：（8次1短針、1短針減針）4次[共36針]
第16-37圈：每個針目1短針[共36針]

將6mm娃娃眼睛嵌進**第28**和**第29圈**之間，中間相隔四個針目，開始放進填充物。

第38圈：只鉤後半針，（4短針、1短針減針）6次[共30針]
第39圈：（3次1短針、1短針減針）6次[共24針]
第40圈：（2次1短針、1短針減針）6次[共18針]
第41圈：（1次1短針、1短針減針）6次[共12針]
第42圈：（1短針減針）6次[共6針]

塞滿填充物，收針並留一長尾線後剪線。用縫針將尾線穿過整圈前半針收口，藏線頭。

開始塑型，先將縫針自底部中心穿進去，從頂部中心拉出，再從頂部穿進去，從略偏離底部中心的位置拉出。再次將縫針自底部中心穿進去，自頂部中心拉出，稍微把線拉緊，使瓶子底部出現凹槽。收尾剪線並藏線頭。

使用**黑色**和**橘色**毛線縫上嘴巴跟臉頰（請參考P116）。

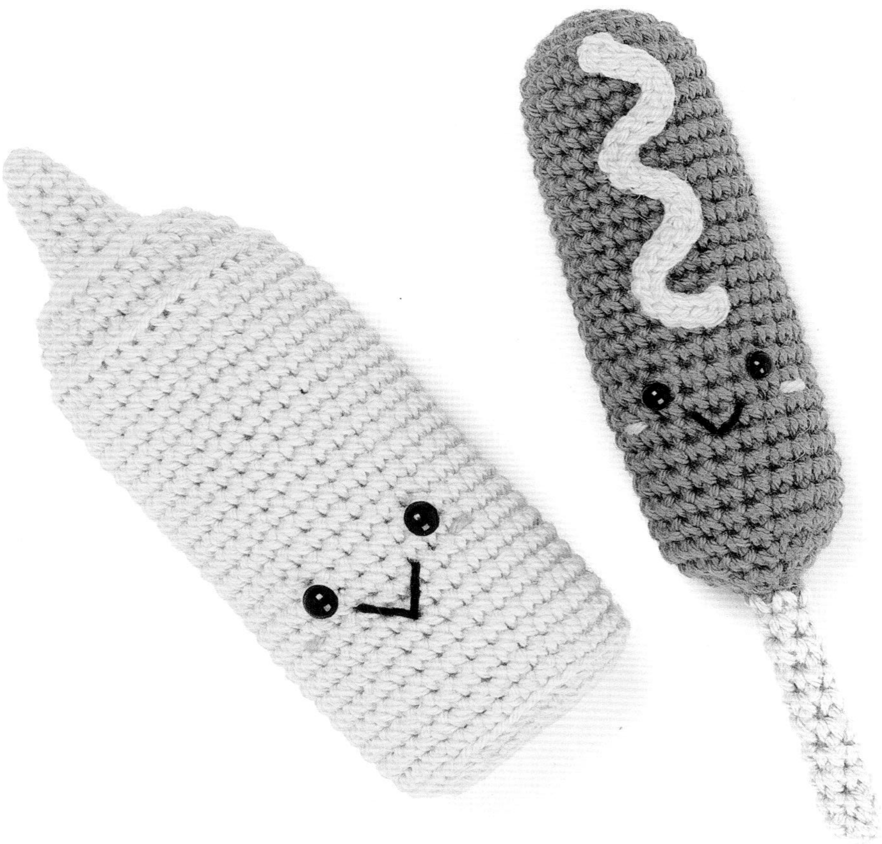

你「芥」意嗎？

不喜歡黃芥末嗎？那就換鉤番茄醬瓶，只要把黃色線換成紅色就可以了。或是兩種都鉤，做出完整的一組，模樣也很俏皮！

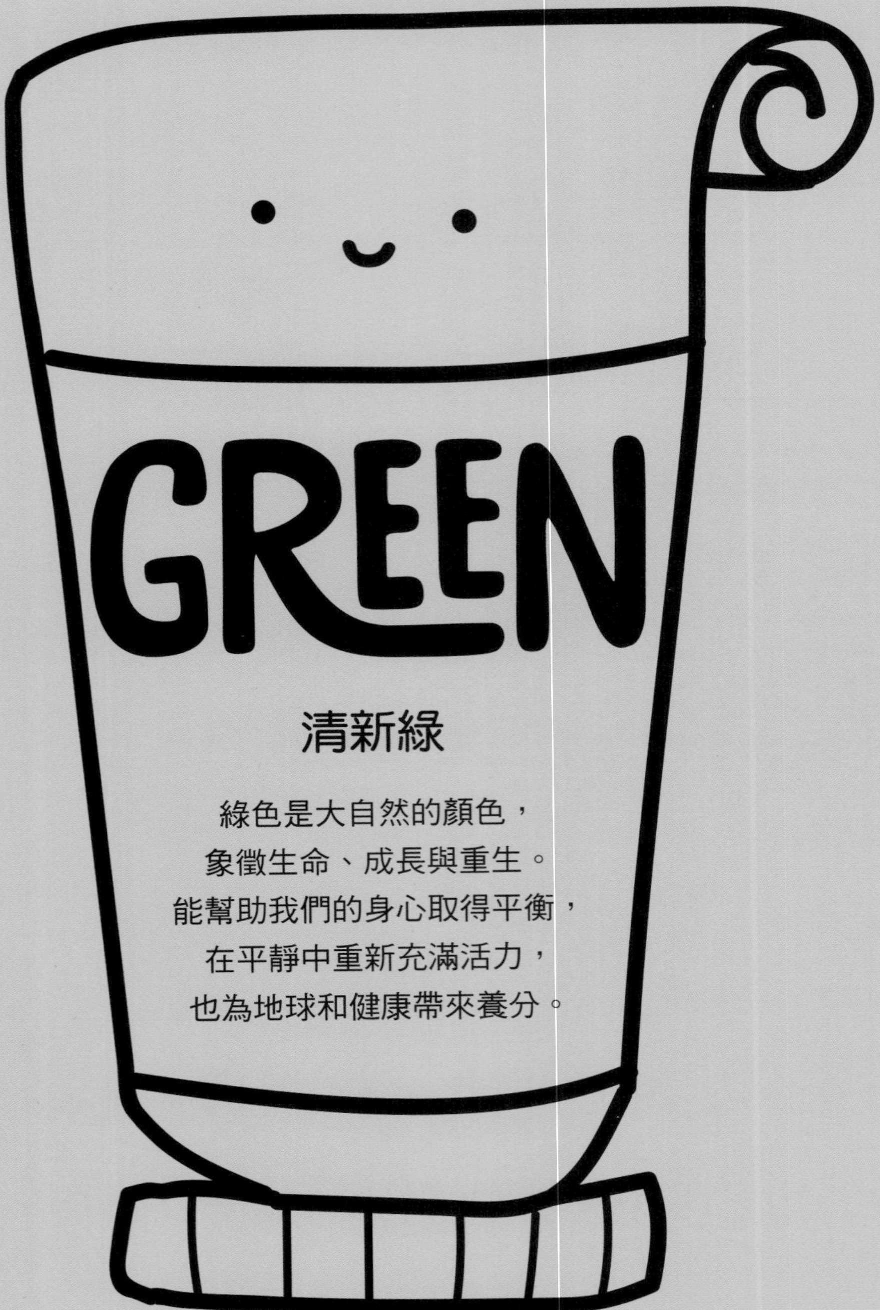
GREEN
清新綠
綠色是大自然的顏色，
象徵生命、成長與重生。
能幫助我們的身心取得平衡，
在平靜中重新充滿活力，
也為地球和健康帶來養分。

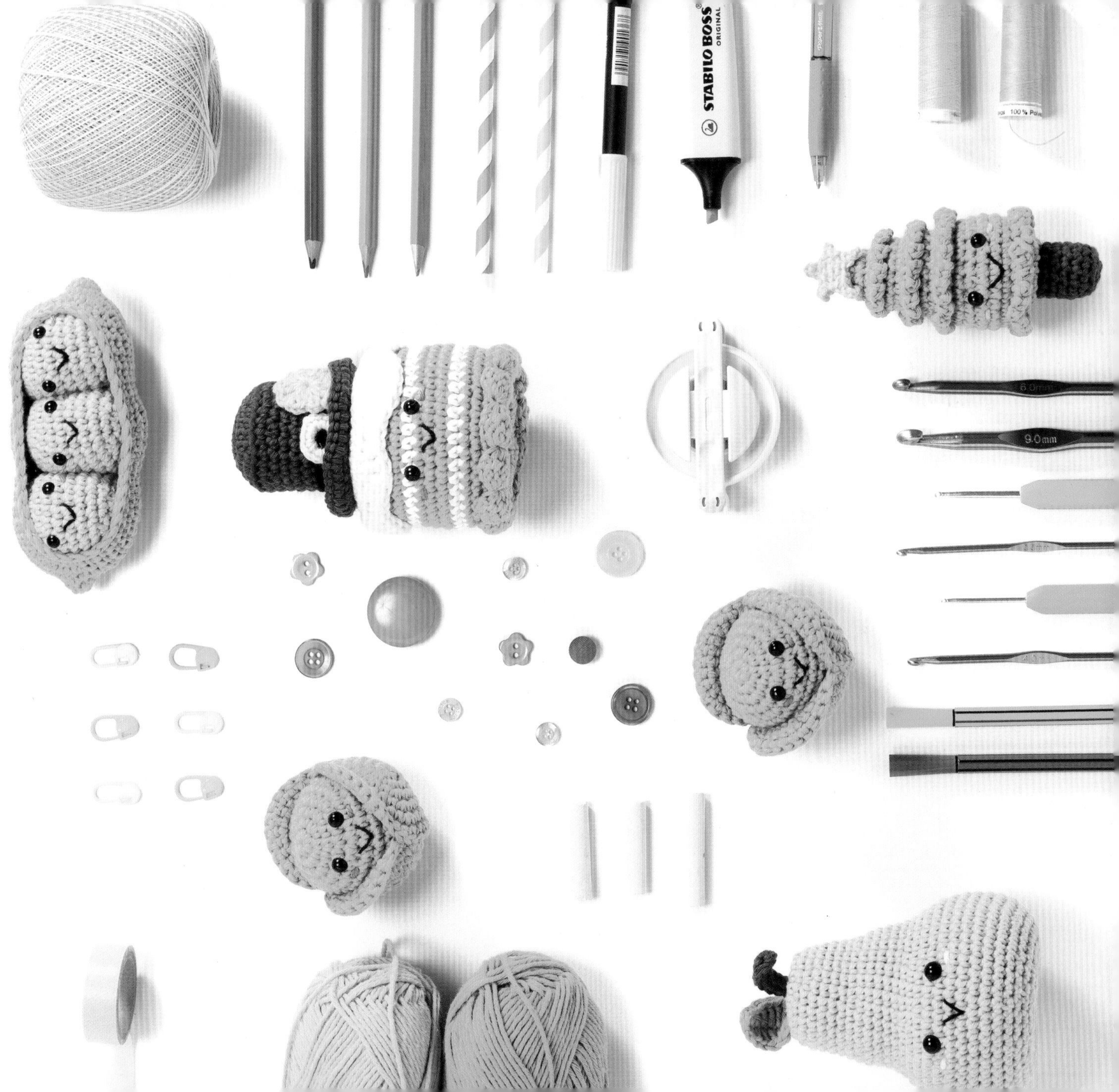
STABILO BOSS
ORIGINAL
6.0mm
9.0mm

BRUSSEL SPROUT
球芽甘藍

材料＆工具
- 3.25mm鉤針
- 棉質中量毛線：**草綠色**，一球（50克）
- 7mm娃娃眼睛
- **粉紅色**及**黑色**散線
- 纖維填充物
- 縫針
- 記號別針
- 大頭針

完成尺寸
長6.5公分
寬6.5公分

織片密度
2.5公分＝5短針×6排

入門

球芽甘藍

第1圈：用**草綠色**線，以環形起針法起6短針，呈輪環狀[共6針]
第2圈：每個針目2短針[共12針]
第3圈：（1次1短針、1次2短針）6次[共18針]
第4圈：（2次1短針、1次2短針）6次[共24針]
第5圈：（3次1短針、1次2短針）6次[共30針]
第6-10圈：每個針目1短針[共30針]

將7mm娃娃眼睛嵌進**第4**和**第5圈**之間，中間相隔三個針目，開始放進填充物。

第11圈：（3次1短針、1短針減針）6次[共24針]
第12圈：（2次1短針、1短針減針）6次[共18針]
第13圈：（1次1短針、1短針減針）6次[共12針]
第14圈：（1短針減針）6次[共6針]

塞滿填充物，收針並留一長尾線後剪線。
用縫針將尾線穿過整圈前半針收口，藏線頭。

使用**黑色**和**粉紅色**毛線縫上嘴巴跟臉頰
（請參考P116）。

葉子（製作3片）

第1圈：用**草綠色**線，以環形起針法起6短針，呈輪環狀[共6針]
第2圈：每個針目2短針[共12針]
第3圈：（1次1短針、1次2短針）6次[共18針]
第4圈：（2次1短針、1次2短針）6次[共24針]
第5圈：（3次1短針、1次2短針）6次[共30針]
第6圈：每個針目1短針[共30針]

隱形收針（請參考P112），藏線頭。

將葉子用大頭針先確認好位置，再固定於球芽甘藍上，葉子頂端不用固定，才可以往外翻折。（如圖1-3）

1

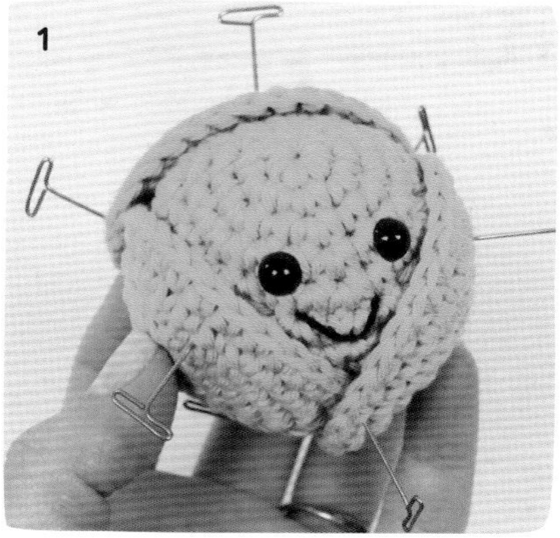

2

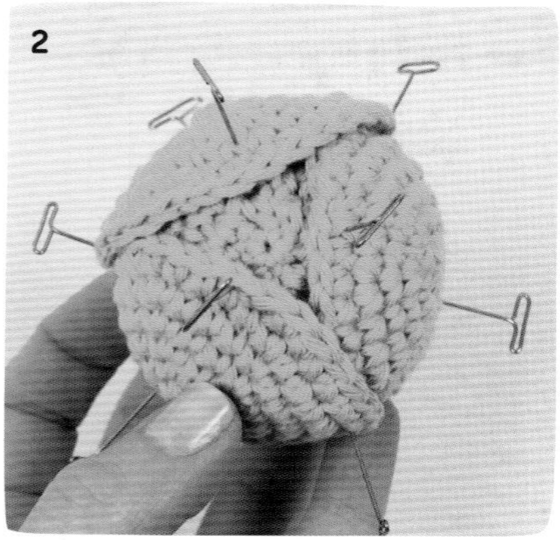

3

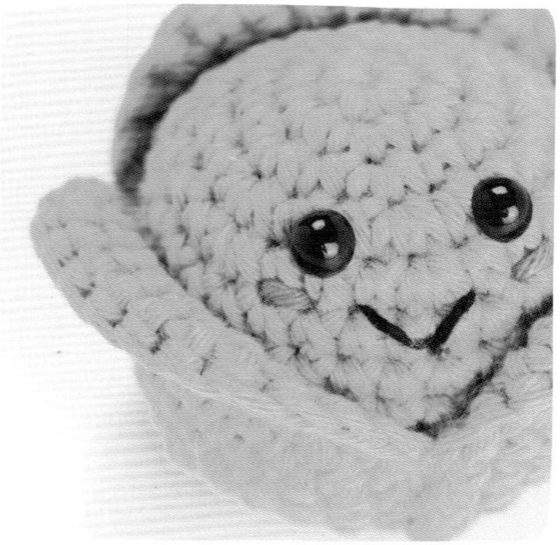

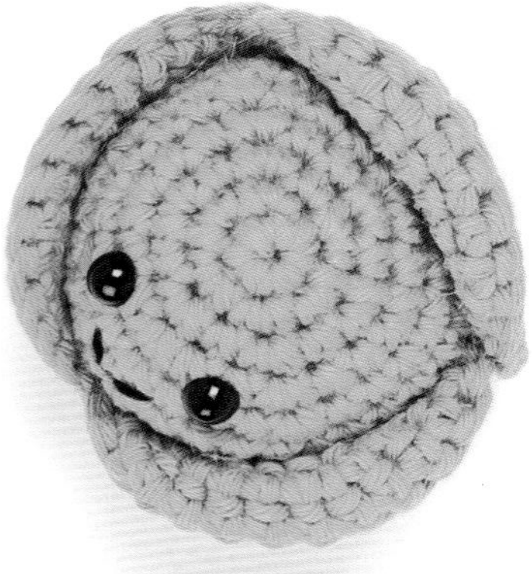

每天都要甘巴爹！

聖誕節來臨時，製作滿滿一盆的球芽甘藍，當成飯桌上超可愛的重點裝飾。

CHRiSTMAS TREE 聖誕樹

材料 & 工具
- 3.25mm 鉤針和 2.75mm 鉤針
- 棉質中量毛線：**草綠色、咖啡色**，各一球（50 克）
- 棉質輕量毛線：**深黃色**，一球（50 克）
- 7mm 娃娃眼睛
- **淺綠色**及**黑色**散線
- 纖維填充物
- 縫針
- 記號別針

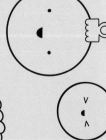

完成尺寸
高 13 公分
寬 6.5 公分

入門

織片密度
2.5 公分=5 短針 × 6 排（中量毛線）

聖誕樹

第 1 圈：用 **3.25mm** 鉤針和**咖啡色**線，以環形起針法起 6 短針，呈輪環狀 [共 6 針]
第 2 圈：每個針目 2 短針 [共 12 針]
第 3 圈：只鉤後半針，每個針目 1 短針 [共 12 針]
第 4-7 圈：每個針目 1 短針 [共 12 針]
第 8 圈：換**綠色**線。只鉤前半針，（1 次 1 短針、1 次 2 短針）6 次 [共 18 針]
第 9 圈：（2 次 1 短針、1 次 2 短針）6 次 [共 24 針]
第 10 圈：（3 次 1 短針、1 次 2 短針）6 次 [共 30 針]
第 11 圈：只鉤後半針，每個針目 1 短針 [共 30 針]
第 12-13 圈：每個針目 1 短針 [共 30 針]
第 14 圈：（3 次 1 短針、1 短針減針）6 次 [共 24 針]
第 15-16 圈：每個針目 1 短針 [共 24 針]
第 17 圈：只鉤後半針，每個針目 1 短針 [共 24 針]

將 7mm 娃娃眼睛嵌進**第 13** 和**第 14 圈**之間，中間相隔四個針目，開始放進填充物。

第 18 圈：（2 次 1 短針、1 短針減針）6 次 [共 18 針]
第 19 圈：每個針目 1 短針 [共 18 針]
第 20 圈：只鉤後半針，每個針目 1 短針 [共 18 針]
第 21 圈：每個針目 1 短針 [共 18 針]
第 22 圈：（1 次 1 短針、1 短針減針）6 次 [共 12 針]

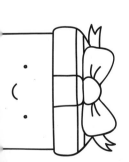

「齁齁齁～～」

將各種顏色的燈飾玩偶（請見紅色篇裡的聖誕燈，P16）串在一起，
和聖誕樹共同打造歡樂的耶誕氣氛！使用 5mm 娃娃眼睛，並用綠色線起 10 鎖針，
自鉤針側算起第十針目鉤 1 引拔針，重複（起 20 鎖針，於小燈頂端鉤進 1 引拔針），
直到連接完所有的小燈，再起 30 鎖針，自鉤針側算起第十針目鉤 1 引拔針。
收針剪線並藏線頭。於小燈串兩端的引拔針處各自打個結。

第 23 圈：只鉤後半針，每個針目 1 短針 [共 12 針]
第 24-25 圈：每個針目 1 短針 [共 12 針]
第 26 圈：（1 短針減針）6 次 [共 6 針]

塞滿填充物，收針並留一長尾線後剪線。用縫針將尾線穿過整圈前半針後收口，藏線頭。使用**黑色**和**淺綠色**毛線縫上嘴巴跟臉頰（請參考 P116）。

將聖誕樹的頂端朝下，用**草綠色**線於**第 11 圈**的任何一針開始，只鉤前半針，以（2 鎖針、1 短針）鉤進整圈所有前半針目。重複以上步驟，依序鉤進**第 17**、**20** 及 **23 圈**的所有前半針目。

星星

第 1 圈：用 **2.75mm** 鉤針及**深黃色**線，以環形起針法起 5 短針，呈輪環狀 [共 5 針]
第 2 圈：（起 3 鎖針，自鉤針側算起第二針目鉤 1 引拔針，下一針目鉤 1 短針，回到第 1 圈的下一針目鉤 1 引拔針）5 次

隱形收針（請參考 P112），藏線頭。將星星固定在聖誕樹頂端。

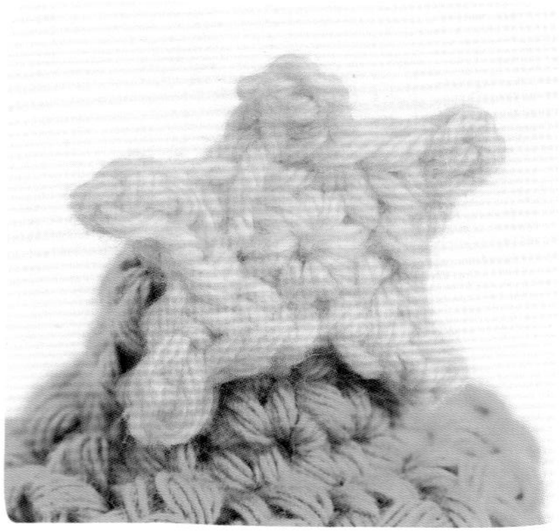

ST PATRICK'S DAY CAKE
聖派翠克蛋糕

材料＆工具
- 3.25mm鉤針和2.75mm鉤針
- 棉質中量毛線：
  草綠色、白色、墨綠色、黑色，各一球（50克）
- 棉質輕量毛線：
  萊姆綠色、黃色，各一球（50克）
- 7mm娃娃眼睛
- **粉紅色**及**黑色**散線
- 纖維填充物
- 縫針
- 記號別針

完成尺寸
高13公分
寬7.5公分

織片密度
2.5公分=5短針 × 6排
（中量毛線）

進階

蛋糕

第1圈：用**3.25mm**鉤針和**草綠色**線，以環形起針法起6短針，呈輪環狀[共6針]
第2圈：每個針目2短針[共12針]
第3圈：（1次1短針、1次2短針）6次[共18針]
第4圈：（2次1短針、1次2短針）6次[共24針]
第5圈：（3次1短針、1次2短針）6次[共30針]
第6圈：（4次1短針、1次2短針）6次[共36針]
第7圈：（5次1短針、1次2短針）6次[共42針]
第8圈：只鉤後半針，每個針目1短針[共42針]
第9-10圈：每個針目1短針[共42針]
第11圈：換**白色**線。每個針目1短針[共42針]
第12圈：換**草綠色**線。每個針目1短針[共42針]
第13-14圈：每個針目1短針[共42針]
第15圈：換**白色**線。每個針目1短針[共42針]
第16圈：換**草綠色**線。每個針目1短針[共42針]
第17-18圈：每個針目1短針[共42針]

將7mm娃娃眼睛嵌進**第11**和**第12圈**之間，中間相隔四個針目，開始放進填充物。

第19圈：只鉤後半針，（5次短針，1短針減針）6次[共36針]
第20圈：（4次1短針，1短針減針）6次[共30針]
第21圈：（3次1短針，1短針減針）6次[共24針]
第22圈：（2次1短針，1短針減針）6次[共18針]
第23圈：（1次1短針，1短針減針）6次[共12針]
第24圈：（1短針減針）6次[共6針]

塞滿填充物，收針並留一長尾線後剪線。用縫針將尾線穿過整圈前半針收口，藏線頭。

使用**黑色**和**粉紅色**毛線縫上嘴巴跟臉頰（請參考P116）。

開始塑型，先將縫針自底部中心穿進去，從頂部中心拉出，再從頂部穿進去，從略偏離底部中心的位置拉出。再次將縫針自底部中心穿進去，自頂部中心拉出，稍微把線拉緊，使蛋糕底部出現凹槽。收尾剪線並藏線頭。

綠色糖霜

第1排：用 **3.25mm** 鉤針和**草綠色**線，（起4鎖針，自鉤針側算起第四個針目裡鉤五長針泡泡針）12次，再鉤1鎖針[共12泡泡針]

收針剪線並藏線頭，再沿著蛋糕底部邊緣固定。

白色糖霜

第1圈：用 **3.25mm** 鉤針和**白色**線，以環形起針法起6短針，呈輪環狀[共6針]
第2圈：每個針目2短針[共12針]
第3圈：（1次1短針、1次2短針）6次[共18針]
第4圈：（2次1短針、1次2短針）6次[共24針]
第5圈：（3次1短針、1次2短針）6次[共30針]
第6圈：（4次1短針、1次2短針）6次[共36針]
第7圈：（5次1短針、1次2短針）6次[共42針]
第8圈：（6次1短針、1次2短針）6次[共48針]
第9圈：只鉤後半針，（1短針、1中長針、1長針、1長長針、1長針、1中長針、2次1短針、1中長針、1長針、1長長針，下一針目鉤2長長針，接著鉤1長長針、1長針、1中長針、1短針）3次[共51針]

隱形收針（請參考P112），藏線頭，再固定到蛋糕頂部。

矮精靈帽子

第1圈：用 **3.25mm** 鉤針和**墨綠色**線，以環形起針法起6短針，呈輪環狀[共6針]
第2圈：每個針目2短針[共12針]
第3圈：（1次1短針、1次2短針）6次[共18針]
第4圈：（2次1短針、1次2短針）6次[共24針]
第5圈：（3次1短針、1次2短針）6次[共30針]
第6圈：只鉤後半針，每個針目1短針[共30針]
第7圈：（3次1短針，1短針減針）6次[共24針]
第8-10圈：每個針目1短針[共24針]
第11圈：換**黑色**線。每個針目1短針[共24針]
第12-13圈：每個針目1短針[共24針]
第14圈：換**墨綠色**線。只鉤前半針，（1次2短針、2次1短針）8次[共32針]
第15圈：（1次2短針、3次1短針）8次[共40針]
第16圈：（1次2短針、4次1短針）8次[共48針]

隱形收針，藏線頭。將填充物塞進帽子裡，再固定到蛋糕頂部。

釦環

用 **2.75mm** 鉤針和**黃色**線，起6鎖針，回到第一鎖針的針目，鉤進1引拔針，成圓圈狀。

第1圈：繞進圓圈內鉤（3次1短針、1鎖針）4次，最後鉤1引拔針連接第一針。

收針並留一長尾線後剪線，藏線頭，並固定於帽子上。

四葉幸運草

用 **2.75mm** 鉤針和**萊姆綠色**線，起4鎖針，回到第一鎖針的針目，鉤進1引拔針，成圓圈狀。

第1圈：繞進圓圈內鉤（3次1短針、1長針、1中長針、1長針、3鎖針、1引拔針）4次。再起6鎖針，自鉤針側算起第三個針目鉤進1中長針，接下來三個針目各鉤1引拔針，再往圓圈內中心鉤進1引拔針。

收針並留一長尾線後剪線，藏線頭，並固定於帽子前方扣環旁邊。

PEAR
西洋梨

材料＆工具
- 3.25mm 鉤針
- 棉質中量毛線：**萊姆綠色，草綠色、咖啡色**，各一球（50克）
- 8mm 娃娃眼睛
- **淺綠色**及**黑色**散線
- 纖維填充物
- 縫針
- 記號別針

完成尺寸
高14公分
寬9公分

織片密度
2.5公分=5短針×6排

入門

西洋梨

第1圈：用**萊姆綠色**線，以環形起針法起6短針，呈輪環狀[共6針]
第2圈：每針目2短針[共12針]
第3圈：（1次1短針、1次2短針）6次[共18針]
第4-5圈：每針目1短針[共18針]
第6圈：（2次1短針、1次2短針）6次[共24針]
第7-10圈：每針目1短針[共24針]
第11圈：（3次1短針、1次2短針）6次[共30針]
第12-16圈：每針目1短針[共30針]
第17圈：（4次1短針、1次2短針）6次[共36針]
第18圈：（5次1短針、1次2短針）6次[共42針]
第19圈：（6次1短針、1次2短針）6次[共48針]
第20圈：（7次1短針、1次2短針）6次[共54針]
第21-26圈：每針目1短針[共54針]
第27圈：（1短針減針、7次1短針）6次[共48針]
第28圈：（3次1短針，1短針減針，3次1短針）6次[共42針]
第29圈：（1短針減針、5次1短針）6次[共36針]

將8mm娃娃眼睛嵌進**第20**和**第21圈**之間，中間相隔五個針目，開始放進填充物。

第30圈：（2次1短針、1短針減針、2次1短針）6次[共30針]
第31圈：（1短針減針、3次1短針）6次[共24針]
第32圈：（1次1短針、1短針減針、1次1短針）6次[共18針]
第33圈：（1短針減針、1次1短針）6次[共12針]
第34圈：（1短針減針）6次[共6針]

「梨」完美不遠了

用記號別針在圈數上做記號，確保你的玩偶最後完成時可以完美零誤差。沒有記號別針嗎？改用安全別針、迴紋針、髮夾或是對比色的毛線做記號也一樣好用。

塞滿填充物，收針並留一長尾線後剪線。用縫針將尾線穿過整圈前半針收口，藏線頭。

開始塑型，先將縫針自底部中心穿進去，從頂部中心拉出，再從頂部中心偏一點的位置穿進去，從略偏離底部中心的位置拉出。稍微拉緊毛線，使西洋梨頂端出現凹槽。

將縫針自底部中心穿進去，自頂部中心拉出，稍微把線拉緊，使西洋梨底部也出現凹槽。結束編織並藏線頭。

使用**黑色**和**淺綠色**毛線縫上嘴巴跟臉頰（請參考P116）。

葉子

使用**草綠色**線，起10鎖針。

第1圈：自鉤針側算起第二針目開始，依序鉤1引拔針、1短針、1中長針、4次1長針、1中長針，最後一針目鉤3短針。再從另一側的針目開始，依序往回鉤1中長針、4次1長針、1中長針、1短針、1引拔針，最後用引拔針鉤進一開始跳過的第一個針目。

隱形收針（請參考P112），藏線頭，固定於西洋梨頂端。

葉子織圖

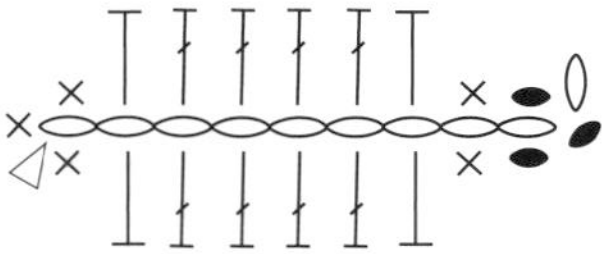

梨子梗

使用兩條**咖啡色**線，起9鎖針。

第1排：自鉤針側算起第二鎖針的裡山開始（請參考P110），鉤進1短針、7次1引拔針。

收針剪線並藏線頭後，將梗固定至西洋梨頂端。

PEAS iN A POD
豌豆莢

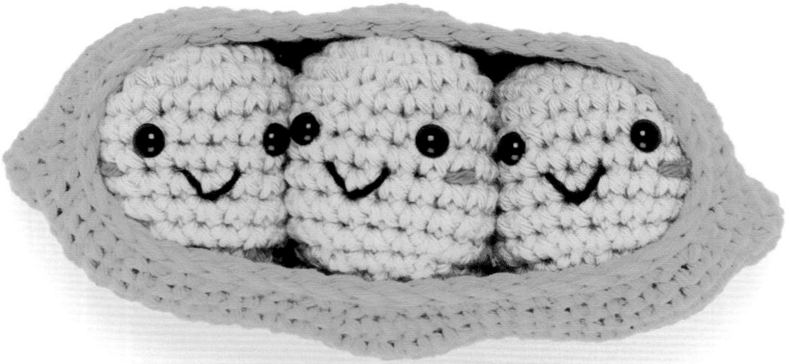

材料＆工具
- 3.25mm鉤針
- 棉質中量毛線：**萊姆綠色**、**草綠色**，各一球（50克）
- 7mm娃娃眼睛
- **粉紅色**及**黑色**散線
- 纖維填充物
- 縫針
- 記號別針

完成尺寸
高5.5公分
寬15公分

織片密度
2.5公分＝5短針×6排

豌豆（製作3個）

第1圈：用**萊姆綠色**線，以環形起針法起6短針，呈輪環狀[共6針]
第2圈：每個針目2短針[共12針]
第3圈：（1次1短針、1次2短針）6次[共18針]
第4圈：（2次1短針、1次2短針）6次[共24針]
第5圈：（3次1短針、1次2短針）6次[共30針]
第6-10圈：每個針目1短針[共30針]

將7mm娃娃眼睛嵌進**第6**和**第7圈**之間，中間相隔三個針目，並放進填充物。

第11圈：（3次1短針、1短針減針）6次[共24針]
第12圈：（2次1短針、1短針減針）6次[共18針]
第13圈：（1次1短針、1短針減針）6次[共12針]
第14圈：（1短針減針）6次[共6針]

塞填充物，收針並留一長尾線後剪線。尾線用縫針穿過整圈前半針收口，藏線頭。

使用**黑色**和**粉紅色**毛線縫上嘴巴跟臉頰（請參考P116）。

開心「豆」趣的鉤針手作

你知道鉤織有益健康嗎？鉤織時放鬆的反覆性手部動作能舒緩、平定緊繃的情緒和身體，具有舒壓的療效。

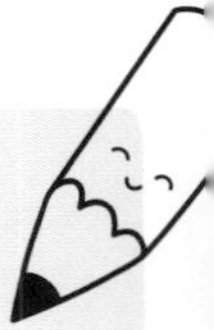

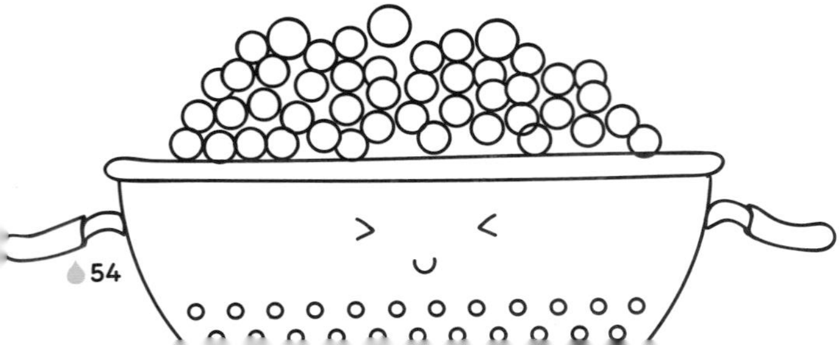

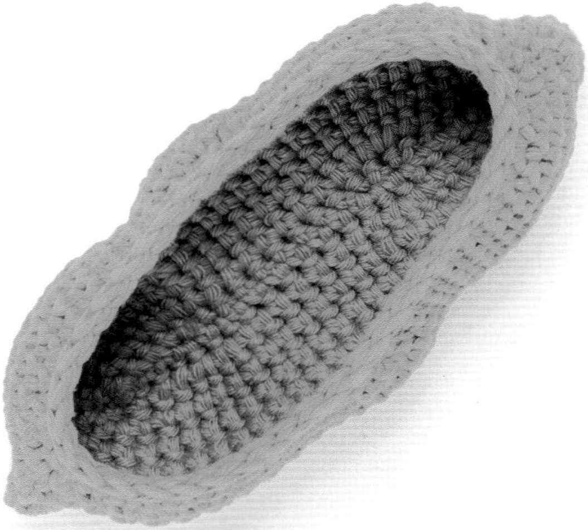

豆莢

用**草綠色**線，起17鎖針。

第1圈：自鉤針側算起第二針目開始，依序鉤進3次1短針、2次2短針、6次1短針、2次2短針、2次1短針，最後一針目鉤2短針。接著從另一側的針目，依序鉤回2次1短針、2次2短針、6次1短針、2次2短針、3次1短針[共40針]

第2圈：鉤4次1短針，重複（2次2短針、8次1短針）3次，接著2次2短針、4次1短針[共48針]

第3圈：鉤1次2短針、22次1短針、2次2短針、22次1短針，最後一針目鉤2短針[共52針]

第4圈：（2次2短針、24次1短針）2次[共56針]

第5圈：鉤1次1短針、2次2短針、26次1短針，接著再鉤2次2短針、25次1短針 [共60針]

第6圈：鉤2次1短針、2次2短針、28次1短針，接著再鉤2次2短針、26次1短針[共64針]

第7圈：每個針目1短針[共64針]

第8圈：鉤2次1短針、（1短針減針）2次、28次1短針、（1短針減針）2次、26次1短針[共60針]

第9圈：鉤1短針、（1短針減針）2次、26次1短針、（1短針減針）2次、25次1短針[共56針]

第10圈：（1短針減針、1短針減針、10次1短針）4次[共48針]

第11圈：（1短針減針、1短針減針、8次1短針）4次[共40針]

第12圈：每個針目各鉤1引拔針[共40針]

隱形收針（請參考P112），藏線頭。將豌豆放進豆莢裡。

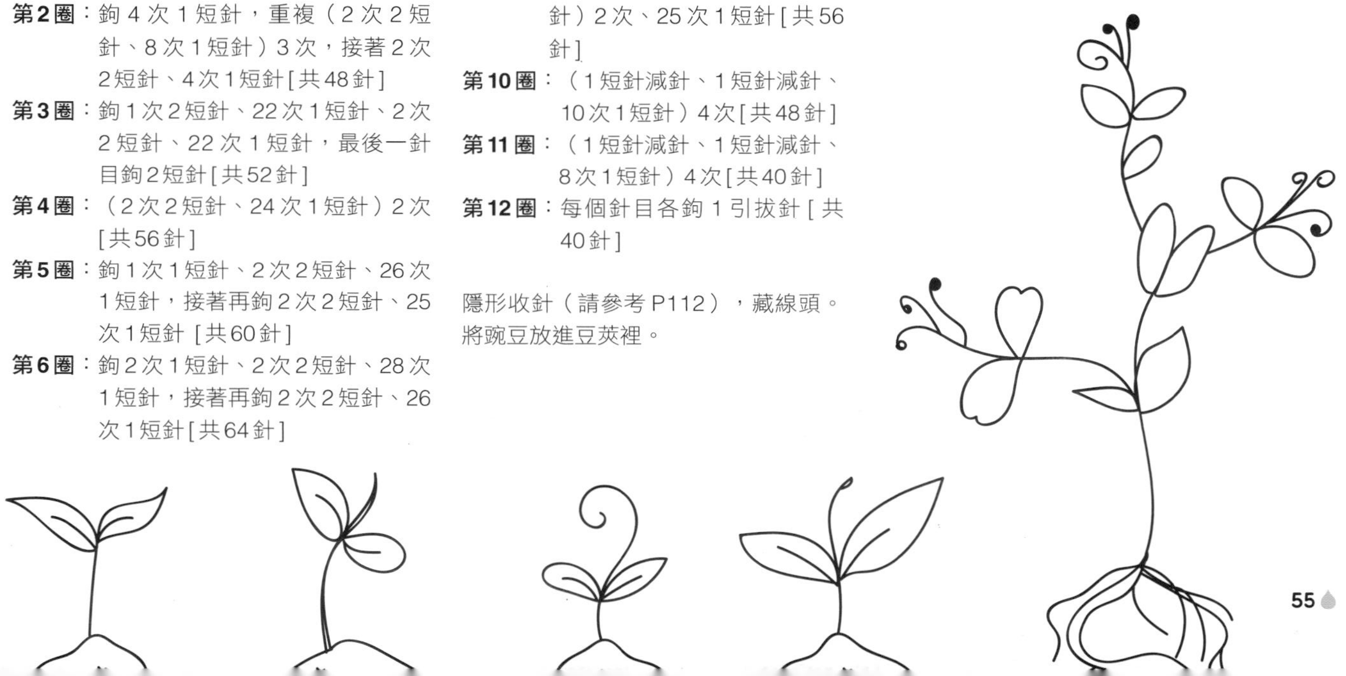

寧靜藍

藍色是代表信任與責任的顏色，
有助於讓人產生平靜、放鬆和秩序感。
如大海與天際線的相遇，
不同深淺的藍色搭配在一起，絲毫不違和。

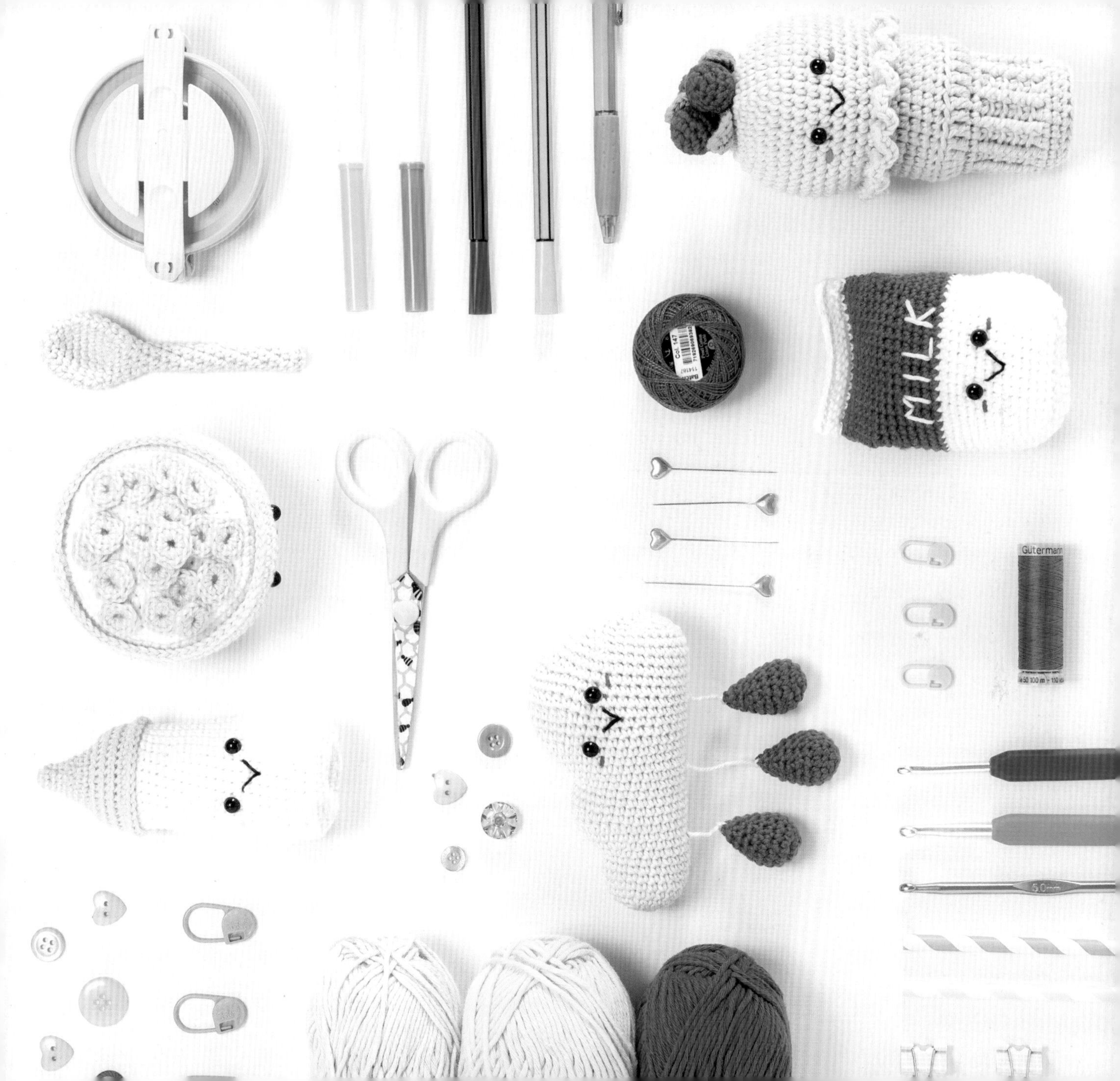
MILK
Gutermann

BABY BOTTLE
奶瓶

材料&工具
- 2.75mm鉤針
- 棉質輕量毛線：
  棕黃色、**藍綠色**、**白色**，各一球（50克）
- 6mm娃娃眼睛
- **藍色**及**黑色**散線
- 纖維填充物
- 縫針
- 記號別針

完成尺寸
高11.5公分
寬5公分

織片密度
2.5公分＝6短針×7排

入門

奶瓶

第1圈：用**棕黃色**線，以環形起針法起6短針，呈輪環狀[共6針]
第2-3圈：每針目1短針[共6針]
第4圈：每針目2短針[共12針]
第5-6圈：每針目1短針[共12針]
第7圈：（1次1短針、1次2短針）6次[共18針]
第8圈：每針目1短針[共18針]
第9圈：換**藍綠色**線。只鉤前半針，每針目2短針[共36針]
第10-12圈：只鉤後半針，每針目1短針[共36針]
第13圈：換**白色**線。只鉤後半針，1短針減針、34次1短針[共35針]
第14圈：（1短針減針、3次1短針）7次[共28針]
第15圈：每針目1短針[共28針]
第16圈：1次2短針、27次1短針[共29針]
第17圈：每針目1短針[共29針]
第18圈：14次1短針、1次2短針、14次1短針[共30針]
第19圈：每針目1短針[共30針]
第20圈：7次1短針、1次2短針、22次1短針[共31針]
第21圈：每針目1短針[共31針]
第22圈：23次1短針、1次2短針、7次1短針[共32針]
第23圈：每針目1短針[共32針]
第24圈：1次2短針、31次1短針[共33針]
第25圈：每針目1短針[共33針]
第26圈：（1次2短針，10次1短針）3次[共36針]
第27-34圈：每針目1短針[共36針]

預告寶寶的到來

想告訴別人你正在期待新生命到來，可以用藍色毛線代表男寶寶，粉紅色代表女寶寶，如果不確定性別的話，就用中性的綠色或是黃色。

將 6mm 娃娃眼睛嵌進**第 25** 和**第 26 圈**之間，中間相隔四個針目，開始放進填充物。

第 35 圈：只鉤後半針，（4 次 1 短針、1 短針減針）6 次 [共 30 針]

第 36 圈：（3 次 1 短針、1 短針減針）6 次 [共 24 針]

第 37 圈：（2 次 1 短針、1 短針減針）6 次 [共 18 針]

第 38 圈：（1 次 1 短針、1 短針減針）6 次 [共 12 針]

第 39 圈：（1 短針減針）6 次 [共 6 針]

塞滿填充物，收針並留一長尾線後剪線。用縫針將尾線穿過整圈前半針收口，藏線頭。

使用**黑色**和**藍色**毛線縫上嘴巴跟臉頰（請參考 P116）。

開始塑型，先將縫針自底部中心穿進去，從頂部中心拉出，再從頂部穿進去，從略偏離底部中心的位置拉出。再次將縫針自底部中心穿進去，自頂部中心拉出，稍微把線拉緊，使奶瓶底部出現凹槽。收尾剪線並藏線頭。

第 40 圈：將奶瓶倒過來，頂端朝下，用**藍綠色**線於**第 13 圈**，只鉤前半針，每針目各鉤 1 短針 [共 36 針]

收針剪線並藏線頭。

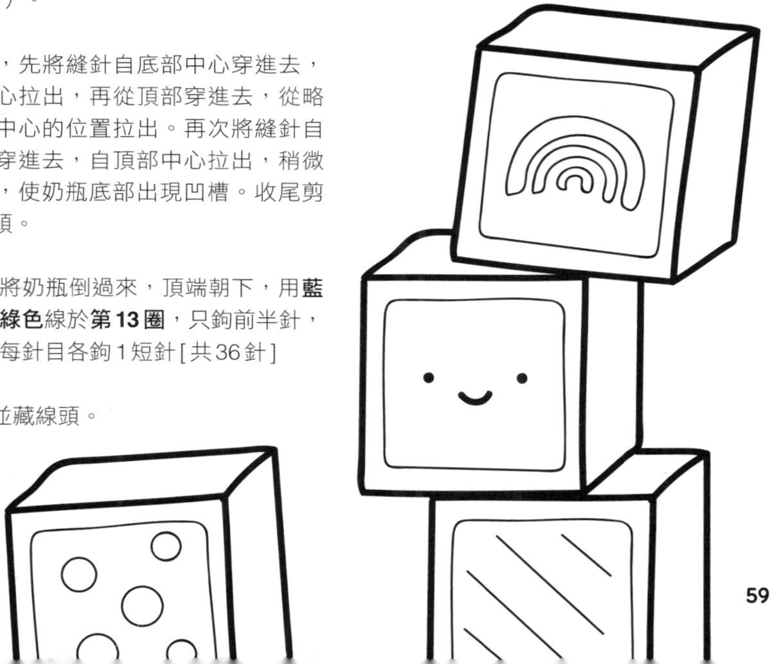

BLUEBERRY ICE CREAM CONE
藍莓冰淇淋

材料&工具
- 3.25mm 鉤針和 2.75mm 鉤針
- 棉質中量毛線：**藍綠色**、**棕黃色**，各一球（50克）
- 棉質輕量毛線：**藍色**、**草綠色**，各一球（50克）
- 7mm 娃娃眼睛
- **粉紅色**及**黑色**散線
- 纖維填充物
- 縫針
- 記號別針

完成尺寸
高16公分
寬7.5公分

進階

織片密度
2.5 公分=5 短針 × 6 排
（中量毛線）

冰淇淋

第1圈：用 **3.25mm** 鉤針及**藍綠色**線，以環形起針法起6短針，呈輪環狀[共6針]
第2圈：每個針目2短針[共12針]
第3圈：（1次1短針、1次2短針）6次[共18針]
第4圈：（2次1短針、1次2短針）6次[共24針]
第5圈：（3次1短針、1次2短針）6次[共30針]
第6圈：（4次1短針、1次2短針）6次[共36針]
第7圈：（5次1短針、1次2短針）6次[共42針]
第8-14圈：每針目1短針[共42針]

將7mm娃娃眼睛嵌進**第11**和**第12圈**之間，中間相隔四個針目，開始放進填充物。

第15圈：（5次1短針，1短針減針）6次[共36針]
第16圈：（4次1短針，1短針減針）6次[共30針]
第17圈：只鉤前半針，起1鎖針。（1次2中長針、1次4中長針）15次[共90針]

收針剪線並藏線頭。

甜筒

第1圈：用 **3.25mm** 鉤針及**棕黃色**線，以環形起針法起6短針，呈輪環狀[共6針]
第2圈：每個針目2短針[共12針]
第3圈：（1次1短針、1次2短針）6次[共18針]

第4圈：（2次1短針、1次2短針）6次[共24針]

第5圈：只鉤後半針，每個針目1短針，以1引拔針連接第一個針目[共24針]

第6圈：起1鎖針。每個針目1短針，以1引拔針連接第一個針目[共24針]

第7圈：起1鎖針。每個針目1中長針，以1引拔針連接第一個針目[共24針]

第8-11圈：起1鎖針。（1表引中長針，只鉤後半針的1短針）12次，最後以1引拔針連接第一個針目[共24針]

第12圈：起1鎖針。每個針目1短針，以1引拔針連接第一個針目[共24針]

第13圈：只鉤前半針，起3鎖針。於起鎖針的同一個針目裡鉤2長針，接著鉤3次1長針、（1次2長針，3次1長針）5次，以1引拔針連接第一個針目[共30針]

第14圈：只鉤後半針，起1鎖針。每個針目1短針，以1引拔針連接第一個針目[共30針]

第15-18圈：起1鎖針。每個針目1短針，以1引拔針連接第一個針目[共30針]

收針並留一長尾線後剪線。把甜筒和冰淇淋都塞滿填充物。用預留的尾線和縫針，將冰淇淋**第16圈**的後半針對齊甜筒**第18圈**的所有針目（包含前後針），縫合拼接在一起（請參考P115）。

使用**黑色**和**粉紅色**毛線縫上嘴巴跟臉頰（請參考P116）。

開始塑型，先將縫針自底部中心穿進去，從頂部中心拉出，再從頂部穿進去，從略偏離底部中心的位置拉出。再次將縫針自底部中心穿進去，自頂部中心拉出，稍微把線拉緊，使甜筒底部出現凹槽。收尾剪線並藏線頭。

葉子（製作4片）

用**2.75mm**鉤針及**草綠色**線，起6鎖針。

第1圈：自鉤針側算起第二針目開始，依序鉤進1短針、1中長針、1長針、1中長針，最後一針目鉤3短針。繞回另一側針目，依序鉤1中長針、1長針、1中長針、1短針，最後用引拔針鉤進一開始跳過的第一個鎖針。[共12針]

隱形收針（請參考P112），藏線頭，固定於冰淇淋頂端。

藍莓（製作3顆）

第1圈：用**2.75mm**鉤針及**藍色**線，以環形起針法起5短針，呈輪環狀[共5針]

第2圈：每個針目2短針[共10針]

第3圈：（1次1短針、1次2短針）5次[共15針]

第4圈：每個針目1短針[共15針]

第5圈：（1次1短針，1短針減針）5次[共10針]

塞滿填充物。

第6圈：（1短針減針）5次[共5針]

收針並留一長尾線後剪線。用縫針將尾線穿過整圈前半針收口，藏線頭。將藍莓固定於冰淇淋上。

BOWL OF CHEERIOS

麥片碗

材料＆工具

- 2.75mm鉤針
- 棉質輕量毛線：**藍綠色**、**白色**、**棕黃色**、**淺藍色**，各一球（50克）
- 7mm娃娃眼睛
- **黑色**散線
- 纖維填充物
- 縫針
- 記號別針

完成尺寸

高8公分
寬10公分

進階

織片密度

2.5公分＝6短針 × 7排

牛奶

第1圈：用**白色**線，以環形起針法起6短針，呈輪環狀[共6針]
第2圈：每個針目2短針[共12針]
第3圈：（1次1短針、1次2短針）6次[共18針]
第4圈：（2次1短針、1次2短針）6次[共24針]
第5圈：（3次1短針、1次2短針）6次[共30針]
第6圈：（4次1短針、1次2短針）6次[共36針]
第7圈：（5次1短針、1次2短針）6次[共42針]
第8圈：（6次1短針、1次2短針）6次[共48針]
第9圈：（5次1短針、1次2短針）8次[共56針]
第10圈：（6次1短針、1次2短針）8次[共64針]
第11圈：每個針目1短針[共64針]

隱形收針（請參考P112）並藏線頭。

麥片（製作18個）

用**棕黃色**線，起6鎖針，回到第一鎖針鉤進1引拔針，成圓圈狀。

第1圈：繞進圓圈內鉤10短針，最後以1引拔針連接第一針。

收針剪線並藏線頭，全數完成後備用，之後要固定於牛奶上。

碗

第1圈：用**藍綠色**線，以環形起針法起6短針，呈輪環狀[共6針]
第2圈：每個針目2短針[共12針]
第3圈：（1次1短針、1次2短針）6次[共18針]
第4圈：（2次1短針、1次2短針）6次[共24針]
第5圈：（3次1短針、1次2短針）6次[共30針]
第6圈：（4次1短針、1次2短針）6次[共36針]
第7圈：只鉤後半針，每個針目1短針[共36針]
第8圈：每個針目1短針[共36針]
第9圈：（1短針減針，4次1短針）6次[共30針]
第10圈：（2次1短針、1次2短針）10次[共40針]
第11圈：（4次1短針、1次2短針）8次[共48針]
第12圈：（5次1短針、1次2短針）8次[共56針]
第13圈：（6次1短針、1次2短針）8次[共64針]
第14-20圈：每個針目1短針[共64針]
第21圈：換**白色**線。每個針目1短針[共64針]
第22圈：換**藍綠色**線。每個針目1短針[共64針]
第23圈：換**白色**線。每個針目1短針[共64針]

將7mm娃娃眼睛嵌進**第18**和**第19圈**之間，中間相隔五個針目，並放進填充物。

第24圈：換**藍綠色**線。將牛奶放進碗裡，碗的**第23圈**對齊牛奶的**第11圈**所有針目，包含前後針，以短針將兩織片拼接在一起（請參考P115），再以1引拔針連接第一個針目[共64針]
第25圈：起1鎖針，每個針目1短針，以1引拔針連接第一個針目[共64針]
第26圈：每個針目各鉤1引拔針[共64針]

隱形收針並藏線頭。

使用**黑色**的毛線縫上嘴巴後（請參考P116），將麥片固定到牛奶上。

湯匙

第1圈：用**淺藍色**線，以環形起針法起6短針，呈輪環狀[共6針]
第2圈：（1次1短針、1次2短針）3次[共9針]
第3圈：（2次1短針、1次2短針）3次[共12針]
第4圈：（3次1短針、1次2短針）3次[共15針]
第5圈：（4次1短針、1次2短針）3次[共18針]
第6-8圈：每個針目1短針[共18針]
第9圈：（4次1短針，1短針減針）3次[共15針]
第10圈：（3次1短針，1短針減針）3次[共12針]
第11圈：每個針目1短針[共12針]
第12圈：（2次1短針，1短針減針）3次[共9針]
第13圈：（1次1短針，1短針減針）3次[共6針]
第14-28圈：每個針目1短針[共6針]

填充物只塞進湯匙柄部位，收針剪線並藏線頭。

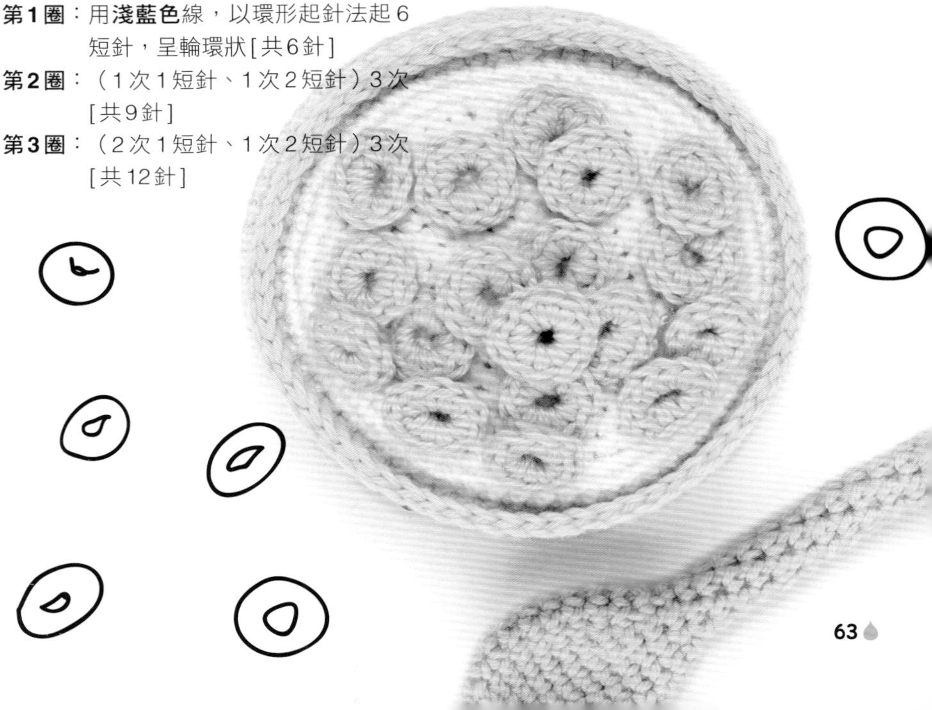

MiLK CARTON
牛奶紙盒

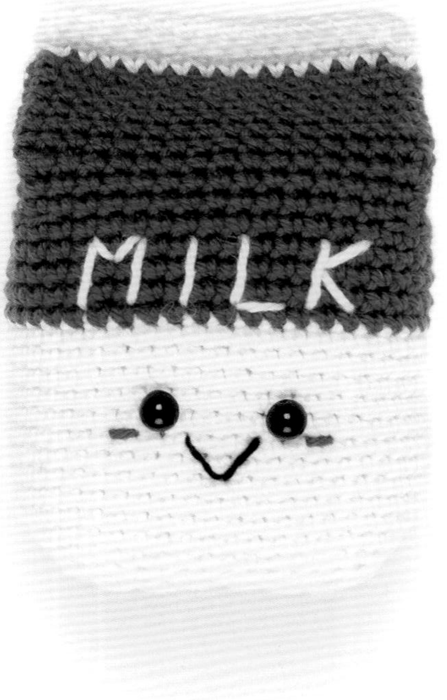

材料＆工具
- 2.75mm 鉤針
- 棉質輕量毛線：**白色**、**藍色**，各一球（50克）
- 7mm 娃娃眼睛
- **黑色**及**藍色**散線
- 纖維填充物
- 縫針
- 記號別針

完成尺寸
高 10 公分
寬 6 公分

織片密度
2.5 公分＝6 短針 × 7 排

牛奶紙盒

用**白色**線，起 13 鎖針。

第 1 排：自鉤針側算起第二針目開始，鉤 12 次 1 短針，翻面 [共 12 針]
第 2-12 排：起 1 鎖針，鉤 12 次 1 短針，翻面 [共 12 針]

以下所有步驟皆沿著正方形織片的四邊，連續鉤成圈狀。

第 13 圈：整圈共四邊，每邊鉤進 11 次 1 短針，每個角各鉤進 2 短針 [共 52 針]
第 14 圈：只鉤後半針，每個針目 1 短針 [共 52 針]
第 15-25 圈：每個針目 1 短針 [共 52 針]
第 26 圈：換**藍色**線。每個針目 1 短針 [共 52 針]
第 27-30 圈：每個針目 1 短針 [共 52 針]

將 7mm 娃娃眼睛嵌進**第 21** 和**第 22 圈**之間，中間相隔四個針目，開始放進填充物。

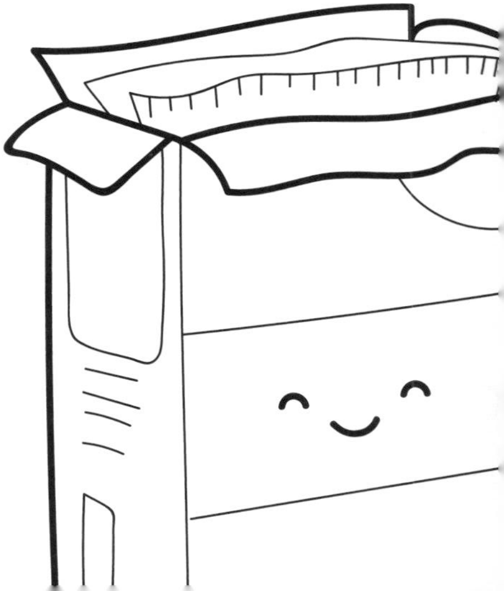

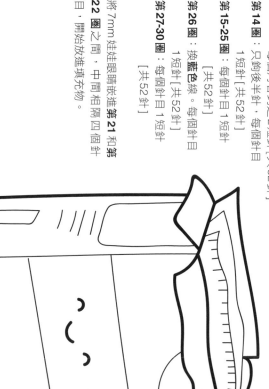

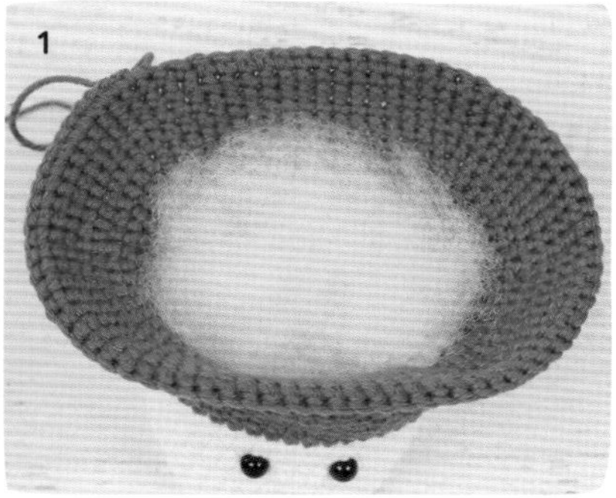

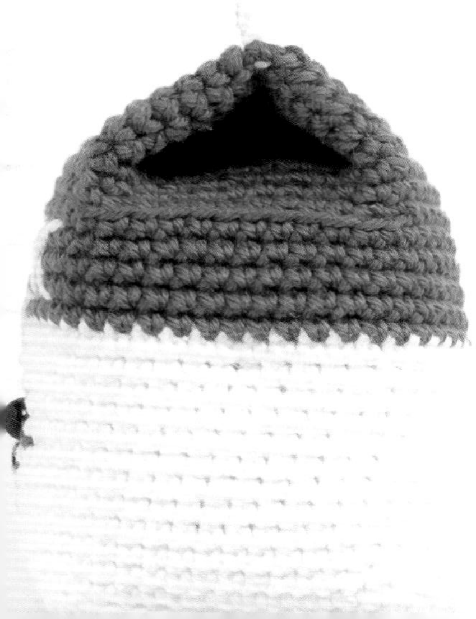

第31圈：（13次1短針，再鉤13次後半針的1短針）2次[共52針]
第32圈：每個針目1短針[共52針]
第33圈：鉤13次1短針、（1次2短針、1次1短針）6次、1次2短針、13次1短針、（1次2短針、1次1短針）6次，最後一針目鉤2短針[共66針]
第34圈：每個針目1短針[共66針]
第35圈：鉤13次1短針、（2次1短針、1次2短針）6次、15次1短針、（2次1短針、1次2短針）6次，再鉤2次1短針[共78針]
第36-39圈：每個針目1短針[共78針]

塞滿填充物（如圖1），將之前只鉤後半針的兩邊向內凹折（如圖2）。

用**藍色**線，以縫針把中央對齊的針目縫在一起（如圖3）。

收針剪線並藏線頭，把另外兩邊也向內併攏，再用**白色**線從右上角開始沿著開口，以短針將兩邊拼接在一起（如圖4）。

翻到正面後起1鎖針，整排鉤進短針，再翻到背面，整排鉤引拔針。收針剪線並藏線頭。

使用**黑色**和**藍色**毛線縫上嘴巴跟臉頰（請參考 P116）。再用**白色**線於牛奶紙盒正面加上「milk」字樣（如圖5）。

開始塑型，用**白色**線，先將縫針自底部中心穿進去，從頂部中心（紙盒頂端封口下方）拉出，再從頂部穿進去，從略偏離底部中心的位置拉出。再次將縫針自底部中心穿進去，自頂部中心拉出，稍微把線拉緊，使牛奶紙盒底部出現凹槽。收尾剪線並藏線頭。

RAiN CLOUD
雨雲

材料＆工具
- 2.75mm 鉤針
- 棉質輕量毛線：**淺藍色、深藍色**，各一球（50克）
- 7mm 娃娃眼睛
- **深藍色**及**黑色**散線
- 纖維填充物
- 縫針
- 記號別針

入門

完成尺寸
高14公分
寬13公分

織片密度
2.5公分＝6短針×7排

雲

第1圈：用**淺藍色**線，以環形起針法起6短針，呈輪環狀[共6針]
第2圈：每個針目2短針[共12針]
第3圈：（1次1短針、1次2短針）6次[共18針]
第4圈：（2次1短針、1次2短針）6次[共24針]
第5-8圈：每個針目1短針[共24針]
第9圈：9次1短針、（1短針減針、1次1短針）3次、6次1短針[共21針]
第10圈：8次1短針、（1次2短針、1次1短針）4次、5次1短針[共25針]
第11圈：8次1短針、（1次2短針、2次1短針）4次、5次1短針[共29針]
第12圈：12次1短針、1次2短針、3次1短針、1次2短針、12次1短針[共31針]
第13圈：9次1短針、15次1中長針、7次1短針[共31針]
第14圈：13次1短針、9次1中長針、9次1短針[共31針]
第15-16圈：每個針目1短針[共31針]
第17圈：14次1短針、（1短針減針、1次1短針）3次、8次1短針[共28針]
第18圈：13次1短針、（1次2短針、1次1短針）4次、7次1短針[共32針]

第19圈：14次1短針、（1次2短針、2次1短針）4次、6次1短針[共36針]
第20圈：18次1短針、1次2短針，3次1短針、1次2短針、13次1短針[共38針]
第21圈：18次1短針、1次2短針，4次1短針、1次2短針、14次1短針[共40針]
第22圈：16次1短針、12次1中長針、12次1短針[共40針]
第23圈：19次1短針、7次1中長針、14次1短針[共40針]
第24圈：每個針目1短針[共40針]
第25-26圈：16次1短針、12次1中長針、12次1短針[共40針]
第27圈：每個針目1短針[共40針]
第28圈：20次1短針、7次1中長針、13次1短針[共40針]
第29圈：18次1短針、12次1中長針、10次1短針[共40針]
第30圈：20次1短針、1短針減針、4次1短針，1短針減針、12次1短針[共38針]

將7mm娃娃眼睛，一隻眼睛嵌進**第22**和**第23圈**之間，另一隻眼睛嵌進**第27**和**第28圈**之間，開始放進填充物。

第31圈：20次1短針、1短針減針、3次1短針、1短針減針、11次1短針[共36針]
第32圈：14次1短針、（1短針減針、2次1短針）4次、6次1短針[共32針]
第33圈：14次1短針、（1短針減針、1次1短針）4次、6次1短針[共28針]
第34圈：14次1短針、（1短針減針）4次、6次1短針[共24針]
第35圈：（2次1短針、1短針減針）6次[共18針]
第36圈：（1次1短針、1短針減針）6次[共12針]
第37圈：（1短針減針）6次[共6針]

塞滿填充物，收針並留一長尾線後剪線。用縫針將尾線穿過整圈前半針收口，藏線頭。

使用**黑色**和**深藍色**毛線縫上嘴巴跟臉頰（請參考P116）。

雨滴（製作3個）

第1圈：用**深藍色**線，以環形起針法起5短針，呈輪環狀[共5針]
第2圈：每個針目2短針[共10針]
第3圈：（1次1短針、1次2短針）5次[共15針]
第4-5圈：每個針目1短針[共15針]
第6圈：（3次1短針、1短針減針）3次[共12針]

塞滿填充物。

第7圈：（2次1短針、1短針減針）3次[共9針]
第8圈：每個針目1短針[共9針]
第9圈：（1次1短針、1短針減針）3次[共6針]

收針並留一長尾線後剪線。用縫針將尾線穿過整圈前半針收口，藏線頭。

用**淺藍色**線，將雨滴分別固定在雲的底部**第10**、**18**及**26圈**上。中間的雨滴懸掛於雲下方距離4公分位置，其餘兩個雨滴則在雲下方2.5公分位置。收針剪線並藏線頭。

個性紫

紫色是存在感破錶的顏色，能激發無窮的想像力。
越是強烈的色彩，配色越需要特別注意，
使用紫色最萬無一失的方法，就是運用單色系，
結合同一顏色的不同色調來搭配。

STABILO
4.5 mm

BEET 甜菜根

甜菜根葉子織圖

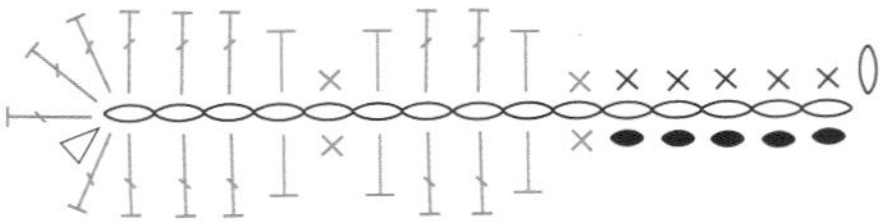

甜菜根

第1圈：用**紫色**線，以環形起針法起6短針，呈輪環狀[共6針]

第2圈：每個針目1短針[共6針]

第3圈：（1次1短針、1次2短針）3次[共9針]

第4圈：（2次1短針、1次2短針）3次[共12針]

第5圈：（1次1短針、1次2短針）6次[共18針]

第6圈：（2次1短針、1次2短針）6次[共24針]

第7圈：（3次1短針、1次2短針）6次[共30針]

第8圈：（4次1短針、1次2短針）6次[共36針]

第9圈：（5次1短針、1次2短針）6次[共42針]

第10圈：（6次1短針、1次2短針）6次[共48針]

第11-15圈：每個針目1短針[共48針]

第16圈：（3次1短針、1短針減針、3次1短針）6次[共42針]

第17圈：（5次1短針、1短針減針）6次[共36針]

將7mm娃娃眼睛嵌進**第13**和**第14圈**之間，中間相隔五個針目，並放進填充物。

第18圈：（2次1短針、1短針減針、2次1短針）6次[共30針]

第19圈：（3次1短針、1短針減針）6次[共24針]

第20圈：（1次1短針、1短針減針、1次1短針）6次[共18針]

第21圈：（1短針減針、1次1短針）6次[共12針]

第22圈：（1短針減針）6次[共6針]

材料 & 工具

- 3.25mm鉤針　・縫針
- 棉質中量毛線：**紫色**、**草綠色**，各一球（50克）
- 7mm娃娃眼睛
- **粉紅色**及**黑色**散線
- 纖維填充物
- 記號別針

入門

完成尺寸

長18公分
寬8.5公分

織片密度

2.5公分＝5短針×6排

塞滿填充物，收針並留一長尾線後剪線。用縫針將尾線穿過整圈前半針收口，藏線頭。並使用**黑色**和**粉紅色**毛線縫上嘴巴跟臉頰（請參考P116）。

葉子（製作3片）

使用**紫色**線，起16鎖針。

第1排：自鉤針側算起第二針目開始，依序鉤5短針。換**草綠色**線，接著鉤1短針、1中長針、2長針、1中長針、1短針、1中長針、2長針，下一針目鉤6長針。再從另一側依序鉤2長針、1中長針、1短針、1中長針、2長針、1中長針、1短針。換**紫色**線，鉤5引拔針。

收針並留一長尾線後剪線。用縫針和尾線將葉子縫在甜菜根頂部。

HOT AIR BALLOON
熱氣球

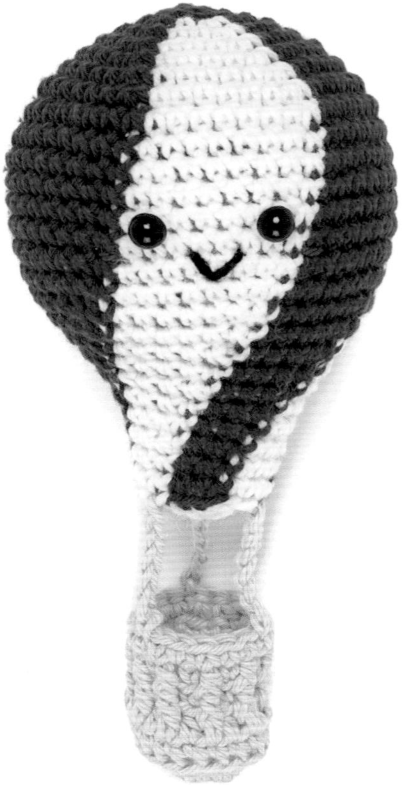

材料＆工具

- 2.75mm 鉤針
- 棉質輕量毛線：**紫色**、**白色**、**棕黃色**，各一球（50克）
- 7mm 娃娃眼睛
- **黑色**及**粉紅色**散線
- 纖維填充物
- 縫針
- 記號別針

完成尺寸

高 15 公分
寬 8 公分

進階

織片密度

2.5 公分＝6 短針 × 7 排

氣球

第1圈：用**紫色**線，以環形起針法起 6 短針，呈輪環狀［共6針］

第2圈：每個針目2短針［共12針］

現在開始每圈同時鉤兩條毛線，一種顏色一條線（請參考P112）

第3圈：（換**白色**線，1次1短針、1次2短針。換**紫色**線，1次1短針、1次2短針）3次［共18針］

第4圈：（換**白色**線，2次1短針、1次2短針。換**紫色**線，2次1短針、1次2短針）3次［共24針］

第5圈：（換**白色**線，3次1短針、1次2短針。換**紫色**線，3次1短針、1次2短針）3次［共30針］

第6圈：（換**白色**線，4次1短針、1次2短針。換**紫色**線，4次1短針、1次2短針）3次［共36針］

第7圈：（換**白色**線，5次1短針、1次2短針。換**紫色**線，5次1短針、1次2短針）3次［共42針］

第8圈：（換**白色**線，6次1短針、1次2短針。換**紫色**線，6次1短針、1次2短針）3次［共48針］

第9-16圈：（換**白色**線，8次1短針。換**紫色**線，8次1短針）3次［共48針］

將 7mm 娃娃眼睛嵌進**第13**和**第14圈**之間，中間相隔四個針目，並塞填充物。

第17圈：（換**白色**線，6次1短針、1短針減針。換**紫色**線，6次1短針、1短針減針）3次［共42針］

第18圈：（換**白色**線，5次1短針、1短針減針。換**紫色**線，5次1短針、1短針減針）3次［共36針］

第19圈：（換**白色**線，4次1短針、1短針減針。換**紫色**線，4次1短針、1短針減針）3次［共30針］

第20圈：（換**白色**線，5次1短針。換**紫色**線，3次1短針、1短針減針）3次［共27針］

第21圈：（換**白色**線，3次1短針、1短針減針。換**紫色**線，4次1短針）3次［共24針］

第22圈：（換**白色**線，4次1短針。換**紫色**線，2次1短針、1短針減針）3次［共21針］

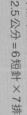

第23圈：（換**白色**線，4次1短針。換**紫色**線，3次1短針）3次[共21針]
第24圈：（換**白色**線，2次1短針、1短針減針。換**紫色**線，3次1短針）3次[共18針]
第25-26圈：（換**白色**線，3次1短針。換**紫色**線，3次1短針）3次[共18針]
第27圈：換**白色**線。只鉤後半針，（1短針減針、1次1短針）6次[共12針]
第28圈：（1短針減針）6次[共6針]

塞滿填充物，收針並留一長尾線後剪線。用縫針將尾線穿過整圈前半針收口後，藏線頭。

使用**黑色**和**粉紅色**毛線縫上嘴巴跟臉頰（請參考P116）。

籃子

第1圈：用**棕黃色**線，以環形起針法起6短針，呈輪環狀[共6針]
第2圈：每個針目2短針[共12針]
第3圈：（1次1短針、1次2短針）6次[共18針]
第4圈：只鉤後半針，每個針目1短針，再以1引拔針連接第一針目[共18針]
第5圈：起1鎖針。每個針目鉤1中長針，再以1引拔針連接第一針目[共18針]
第6-7圈：起1鎖針。（1表引中長針，只鉤後半針的1短針）9次。再以1引拔針連接第一針目[共18針]
第8圈：起1鎖針。每個針目1短針[共18針]

隱形收針（請參考P112）並藏線頭。

用**棕黃色**線，從籃子的**第8圈**鉤1引拔針後，起6鎖針，再以引拔針鉤進氣球**第27圈**上任一針的前半針裡，做出連接籃子跟氣球的繩索。收針剪線並藏線頭。以同樣的織法重複鉤出另兩條繩索，記得平均分配每條繩索的間距。

TOAST WITH JAM
果醬吐司

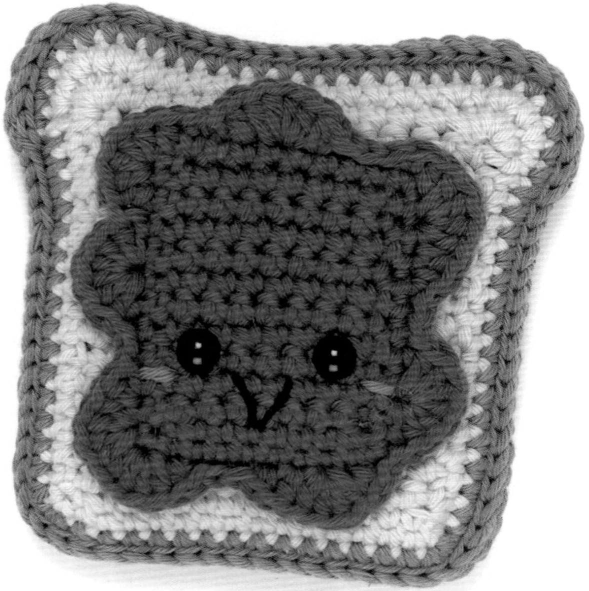

材料＆工具

- 3.25mm鉤針
- 棉質中量毛線：**紫色**、**棕黃色**、**咖啡色**，各一球（50克）
- 8mm娃娃眼睛
- **粉紅色**及**黑色**散線
- 纖維填充物
- 縫針
- 記號別針

完成尺寸

長10公分
寬9公分

織片密度

2.5公分
=5短針×6排

入門

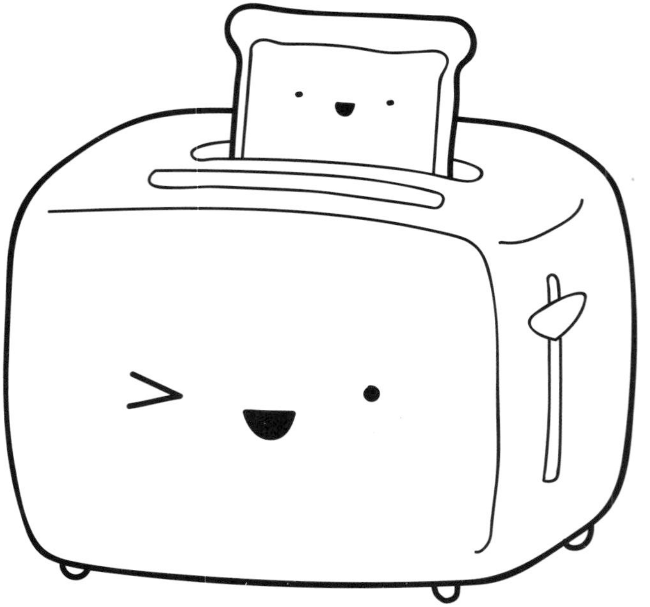

吐司（製作 2 片）

用**棕黃色**線，起 15 鎖針。

第1排：自鉤針側算起第二針目開始，鉤14次1短針，翻面[共14針]
第2-16排：起1鎖針。整排每個針目1短針，翻面[共14針]
第17排：起1鎖針。依序鉤1次6短針、12次1短針，最後一針目鉤6短針[共24針]
第18圈：沿著織片各邊鉤織。15次1短針、1次2短針（邊角）、14次1短針、1次2短針（邊角）、15次1短針，（1次1短針、1次2短針）3次，12次1短針，（1次2短針、1次1短針）3次[共78針]
第19圈：換**咖啡色**線。16次1短針、1次2短針、14次1短針、1次2短針，46次1短針[共80針]

隱形收針（請參考 P112）並藏線頭。完成第兩片吐司後，先不剪線和藏線頭。

果醬

用**紫色**線，起9鎖針。

第1排：自鉤針側算起第二針目開始，鉤8次1短針，翻面[共8針]
第2-11排：起1鎖針。整排每個針目1短針，翻面[共8針]
第12圈：沿著織片各邊鉤織。1次2短針、9次1短針、1次2短針（邊角）、8次1短針，1次2短針（邊角）、9次1短針、1次2短針（邊角）、8次1短針[共42針]
第13圈：依序鉤1中長針、1次4中長針、1中長針、1引拔針。跳過下一針目、1次6中長針、跳過下一針目、2次1引拔針。1中長針、2次4中長針、1中長針、3次1引拔針。1短針、1中長針、1次4中長針、1中長針、1短針、2次1引拔針。跳過下一針、1次6中長針、跳過下一針、3次1引拔針。1短針、1中長針、1次4中長針、1中長針、1短針、3次1引拔針。1中長針、1次4中長針、1中長針、2次1引拔針[共66針]

隱形收針並藏線頭。

把果醬放在第二片吐司上，將8mm娃娃眼睛嵌進果醬的**第4**和**第5圈**之間、吐司的**第7**和**第8圈**之間，中間相隔四個針目。

將果醬固定在吐司上，再把第一片吐司正面朝外，對齊放在第二片吐司下面。用鉤第二片吐司剩下的尾線，將兩片吐司以引拔針沿著周邊鉤在一起，邊鉤邊塞進少許填充物，最後收針剪線並藏線頭。

使用**黑色**和**粉紅色**毛線縫上嘴巴跟臉頰（請參考P116）。

TURNiP
蕪菁

材料＆工具
- 3.25mm鉤針
- 棉質中量毛線：**奶油色、淺紫色、草綠色**，各一球（50克）
- 7mm娃娃眼睛
- **紫色**及**黑色**散線
- 纖維填充物
- 縫針
- 記號別針

完成尺寸
長18公分
寬9公分

織片密度
2.5公分＝5短針×6排

入門

蕪菁

第1圈：用**奶油色**線，以環形起針法起6短針，呈輪環狀[共6針]
第2圈：每個針目1短針[共6針]
第3圈：（1次1短針、1次2短針）3次[共9針]
第4圈：（2次1短針、1次2短針）3次[共12針]
第5圈：（1次1短針、1次2短針）6次[共18針]
第6圈：（2次1短針、1次2短針）6次[共24針]
第7圈：（3次1短針、1次2短針）6次[共30針]
第8圈：（4次1短針、1次2短針）6次[共36針]
第9圈：（5次1短針、1次2短針）6次[共42針]
第10圈：（6次1短針、1次2短針）6次[共48針]
第11圈：（15次1短針、1次2短針）3次[共51針]
第12-15圈：每個針目1短針[共51針]
第16圈：換**淺紫色**線，每個針目1短針[共51針]
第17圈：（1短針減針、15次1短針）3次[共48針]
第18圈：（3次1短針、1短針減針、3次1短針）6次[共42針]
第19圈：（5次1短針、1短針減針）6次[共36針]

將7mm娃娃眼睛嵌進**第13**和**第14圈**之間，中間相隔五個針目，開始放進填充物。

第20圈：（2次1短針、1短針減針、2次1短針）6次[共30針]

第21圈：（3次1短針、1短針減針）6次[共24針]
第22圈：（1次1短針、1短針減針，1次1短針）6次[共18針]
第23圈：（1短針減針、1次1短針）6次[共12針]
第24圈：（1短針減針）6次[共6針]

塞滿填充物，收針並留一長尾線後剪線。用縫針將尾線穿過整圈前半針收口，藏線頭。

使用**黑色**和**紫色**毛線縫上嘴巴跟臉頰（請參考P116）。

葉子（製作3片）

使用**草綠色**線，起16鎖針。

第1排：自鉤針側算起第二針目開始，依序鉤6次1短針、1中長針、2次1長針、1中長針、1短針、1中長針、2次1長針、1次6長針。再從另一側開始，依序鉤2次1長針、1中長針、1短針、1中長針、2次1長針、1中長針、1短針、5次1引拔針。

收針並留一長尾線後剪線。用縫針和尾線將葉子縫在蕪菁上。

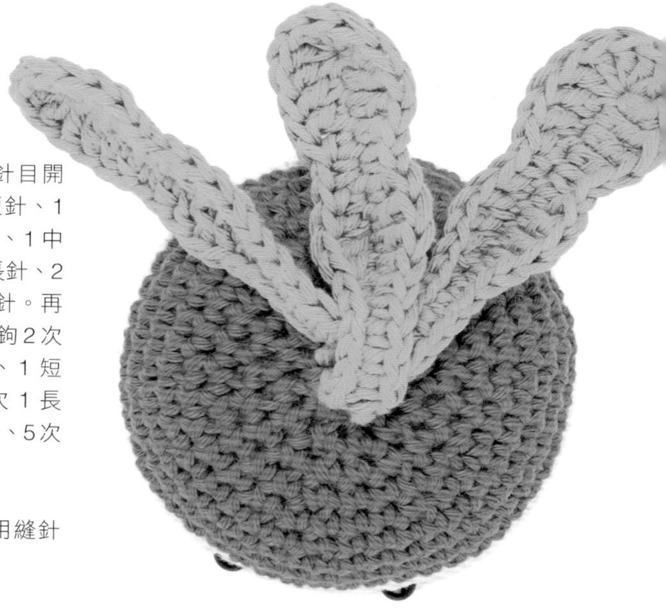

蕪菁葉子織圖

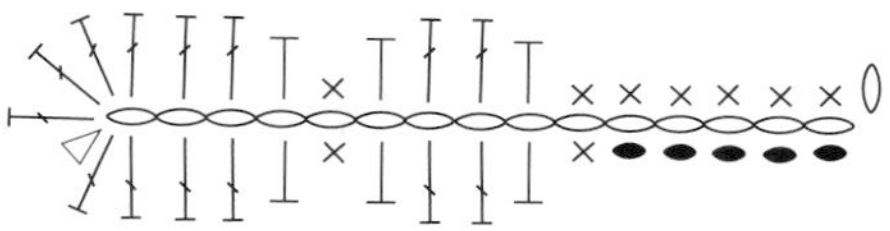

WEDDING CAKE 婚禮蛋糕

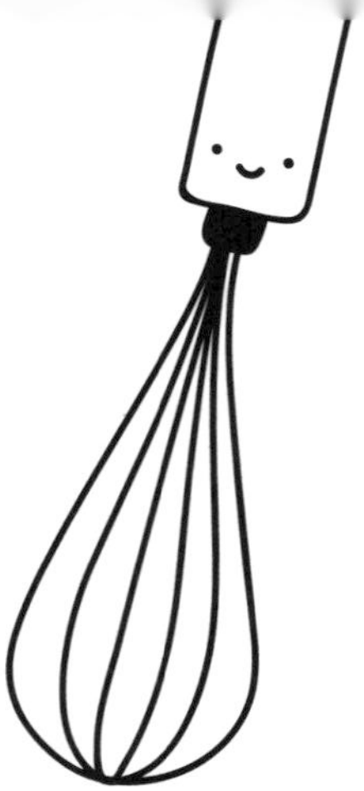

材料＆工具
- 3.25mm 鉤針
- 棉質中量毛線：**白色、紫色、粉紫色**，各一球（50克）
- 7mm 娃娃眼睛
- **粉紅色**及**黑色**散線
- 纖維填充物
- 縫針
- 記號別針

完成尺寸
長13公分
寬9公分

織片密度
2.5公分＝5短針 × 6排

進階

底層蛋糕

第1圈：用**白色**線，以環形起針法起6短針，呈輪環狀[共6針]
第2圈：每個針目2短針[共12針]
第3圈：（1次1短針、1次2短針）6次[共18針]
第4圈：（2次1短針、1次2短針）6次[共24針]
第5圈：（3次1短針、1次2短針）6次[共30針]
第6圈：（4次1短針、1次2短針）6次[共36針]
第7圈：（5次1短針、1次2短針）6次[共42針]
第8圈：（6次1短針、1次2短針）6次[共48針]
第9圈：只鉤後半針，每個針目1短針[共48針]
第10-17圈：每個針目1短針[共48針]

將7mm娃娃眼睛嵌進**第11**和**第12圈**之間，
中間相隔四個針目，開始放進填充物。

第18圈：只鉤後半針，（6次1短針，1短針減針）6次[共42針]
第19圈：（5次1短針、1短針減針）6次[共36針]
第20圈：（4次1短針、1短針減針）6次[共30針]
第21圈：（3次1短針、1短針減針）6次[共24針]
第22圈：（2次1短針、1短針減針）6次[共18針]
第23圈：（1次1短針、1短針減針）6次[共12針]
第24圈：（1短針減針）6次[共6針]

塞滿填充物，收針並留一長尾線後剪線。
用縫針將尾線穿過整圈前半針收口，藏線頭。
使用**黑色**和**粉紅色**毛線縫上睫毛、嘴巴跟臉頰（請參考P116）。

上層蛋糕

第1圈：用**白色**線，以環形起針法起6短針，呈輪環狀[共6針]
第2圈：每個針目2短針[共12針]
第3圈：（1次1短針、1次2短針）6次[共18針]
第4圈：（2次1短針、1次2短針）6次[共24針]
第5圈：（3次1短針、1次2短針）6次[共30針]
第6圈：（4次1短針、1次2短針）6次[共36針]
第7圈：只鉤後半針，每個針目1短針[共36針]
第8-13圈：每個針目1短針[共36針]
第14圈：只鉤後半針，（4次1短針、1短針減針）6次[共30針]
第15圈：（3次1短針、1短針減針）6次[共24針]
第16圈：（2次1短針、1短針減針）6次[共18針]

塞進填充物。

第17圈：（1次1短針、1短針減針）6次[共12針]
第18圈：（1短針減針）6次[共6針]

收針並留一長尾線後剪線。用縫針將尾線穿過整圈前半針收口，藏線頭。

將上層蛋糕縫在底層蛋糕上。

開始塑型，先將縫針自底部中心穿進去，從頂部中心拉出，再從頂部穿進去，從略偏離底部中心的位置拉出。再次將縫針自底部中心穿進去，自頂部中心拉出，稍微把線拉緊，使蛋糕底部出現凹槽。收尾剪線並藏線頭。

底層蛋糕糖霜（製作2個）

第1排：用**紫色**線，（起4鎖針，自鉤針側算起第四個鎖針針目鉤五長針泡泡針）13次，1鎖針[共13泡泡針]

收針剪線並藏線頭，沿著底層蛋糕邊緣固定（上下邊緣各一）。

上層蛋糕糖霜

第1排：用**紫色**線，（起4鎖針，自鉤針側算起第四個鎖針針目鉤五長針泡泡針）10次，1鎖針[共10泡泡針]

收針剪線並藏線頭，沿著上層蛋糕頂端邊緣固定。

奶油花（製作3個）

第1圈：用**粉紫色**線，以環形起針法起6短針，呈輪環狀[共6針]
第2圈：只鉤後半針，（同一針目裡鉤進1引拔針+2鎖針+3長針+2鎖針+1引拔針）6次

收針剪線並藏線頭，將奶油花固定於蛋糕上。

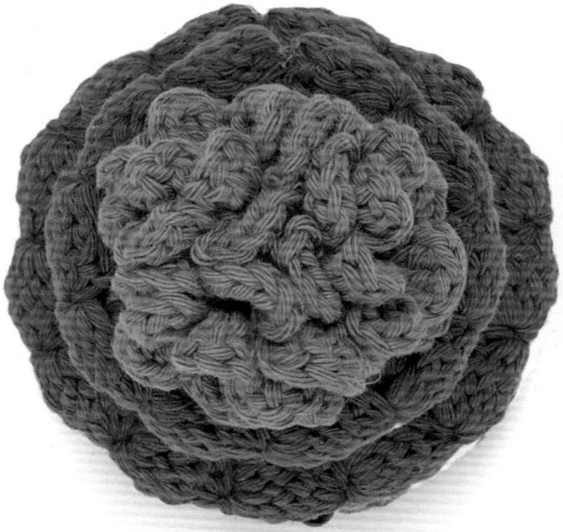

PiNK
夢幻粉
粉紅色是紅色的甜美升級版，
可愛、浪漫又活潑，
象徵無條件的愛，
同時也代表著希望，
讓人有舒服自在的感覺，
具有鼓舞人心的作用。

COTTON CANDY
棉花糖

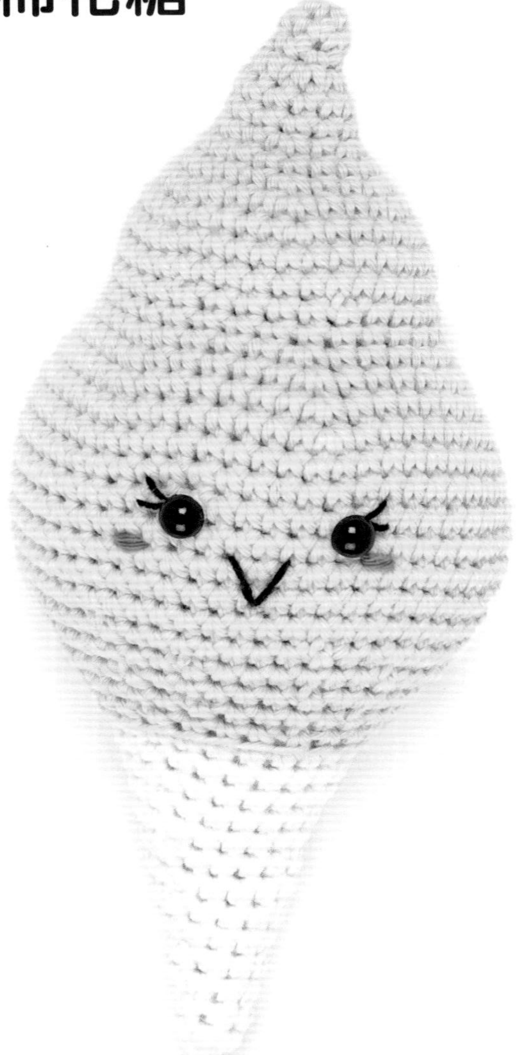

材料 & 工具
- 3.25mm 鉤針
- 棉質中量毛線：**淺粉紅色、白色**，各一球（50克）
- 8mm 娃娃眼睛
- **深粉紅色**及**黑色**散線
- 纖維填充物
- 縫針
- 記號別針

完成尺寸
長21.5公分
寬10公分

織片密度
2.5公分
=5短針 × 6排

入門

棉花糖

第1圈：用**淺粉紅色**線，以環形起針法起6短針，呈輪環狀[共6針]
第2-3圈：每個針目1短針[共6針]
第4圈：每個針目2短針[共12針]
第5-6圈：每個針目1短針[共12針]
第7圈：（1次1短針、1次2短針）6次[共18針]
第8圈：每個針目1短針[共18針]

軟綿綿的愛意

當作情人節禮物送給心儀的人，簡單附上小紙條：「你就像棉花糖，在我心上甜蜜地融化！」表達熱切的愛意吧。

第9圈：（2次1短針、1次2短針）6次[共24針]
第10圈：（3次1短針、1次2短針）6次[共30針]
第11圈：（4次1短針、1次2短針）6次[共36針]
第12-13圈：每個針目1短針[共36針]
第14圈：（4次1短針，1短針減針）6次[共30針]
第15圈：每個針目1短針[共30針]
第16圈：（4次1短針、1次2短針）6次[共36針]
第17圈：（5次1短針、1次2短針）6次[共42針]
第18圈：（6次1短針、1次2短針）6次[共48針]
第19圈：（7次1短針、1次2短針）6次[共54針]
第20-26圈：每個針目1短針[共54針]

將8mm娃娃眼睛嵌進**第21**和**第22圈**之間，中間相隔五個針目，並放進填充物。

第27圈：（7次1短針，1短針減針）6次[共48針]
第28圈：（6次1短針，1短針減針）6次[共42針]
第29圈：（5次1短針，1短針減針）6次[共36針]
第30圈：（4次1短針，1短針減針）6次[共30針]
第31圈：（3次1短針，1短針減針）6次[共24針]
第32圈：換**白色**線。只鉤後半針，每個針目1短針[共24針]
第33圈：（6次1短針，1短針減針）3次[共21針]
第34圈：每個針目1短針[共21針]
第35圈：（5次1短針，1短針減針）3次[共18針]
第36圈：每個針目1短針[共18針]
第37圈：（4次1短針，1短針減針）3次[共15針]
第38圈：每個針目1短針[共15針]
第39圈：（3次1短針，1短針減針）3次[共12針]
第40圈：每個針目1短針[共12針]
第41圈：（2次1短針，1短針減針）3次[共9針]
第42圈：每個針目1短針[共9針]
第43圈：（1次1短針，1短針減針）3次[共6針]
第44圈：每個針目1短針[共6針]

塞滿填充物，收針並留一長尾線後剪線。用縫針將尾線穿過整圈前半針收口，藏線頭。

使用**黑色**和**深粉紅色**毛線縫上睫毛、嘴巴跟臉頰（請參考P116）。

HEART
愛心

材料&工具

- 2.75mm鉤針
- 棉質輕量毛線：**深粉紅色**，一球（50克）
- 7mm娃娃眼睛
- **紅色**及**黑色**散線
- 纖維填充物
- 縫針
- 記號別針

完成尺寸

高10公分
寬10公分

織片密度

2.5公分＝6短針×7排

入門

愛心

第1圈：用**深粉紅色**線，以環形起針法起6短針，呈輪環狀 [共6針]
第2圈：每個針目2短針[共12針]
第3圈：（1次1短針、1次2短針）6次[共18針]
第4圈：（2次1短針、1次2短針）6次[共24針]
第5圈：（3次1短針、1次2短針）6次[共30針]
第6圈：（4次1短針、1次2短針）6次[共36針]
第7-11圈：每個針目1短針[共36針]

隱形收針（請參考P112）並藏線頭。

重複**第1-11圈**的步驟，完成第二個半圓形後先不收針。

把第一個半圓形放在第二個半圓形前方（如圖1），鉤6次1短針將兩個半圓形拼接在一起（如圖2）。接下來準備在兩個半圓形未拼接的針目裡鉤短針。

第12圈：將第二個半圓形最後一拼接針跟接下來的第一針，兩針併成1針（如圖3）。繼續沿著第二個半圓形鉤28次1短針（如圖4），第二個半圓形鉤的最後一針與拼接的第一針，兩針併成1針（如圖5）。

將第一個半圓形拼接的第一針跟接下來的第一針，兩針併成1針。繼續沿著第一個半圓形鉤28次1短針，第一個半圓形的最後一針與最後一拼接針，兩針併成1針。[共60針]

第13圈：（8次1短針、1短針減針）6次[共54針]
第14圈：每個針目1短針[共54針]
第15圈：（7次1短針、1短針減針）6次[共48針]
第16圈：每個針目1短針[共48針]
第17圈：（6次1短針、1短針減針）6次[共42針]
第18圈：每個針目1短針[共42針]
第19圈：（5次1短針、1短針減針）6次[共36針]
第20圈：每個針目1短針[共36針]

將7mm娃娃眼睛嵌進**第17**和**第18圈**之間，中間相隔五個針目，並放填充物。

第21圈：（4次1短針、1短針減針）6次[共30針]
第22圈：每個針目1短針[共30針]
第23圈：（3次1短針、1短針減針）6次[共24針]
第24圈：每個針目1短針[共24針]
第25圈：（2次1短針、1短針減針）6次[共18針]
第26圈：每個針目1短針[共18針]
第27圈：（1次1短針、1短針減針）6次[共12針]
第28圈：每個針目1短針[共12針]
第29圈：（1短針減針）6次[共6針]

塞滿填充物，收針並留一長尾線後剪線。用縫針將尾線穿過整圈前半針收口，藏線頭。

使用**黑色**和**紅色**毛線縫上嘴巴跟臉頰（請參考P116）。

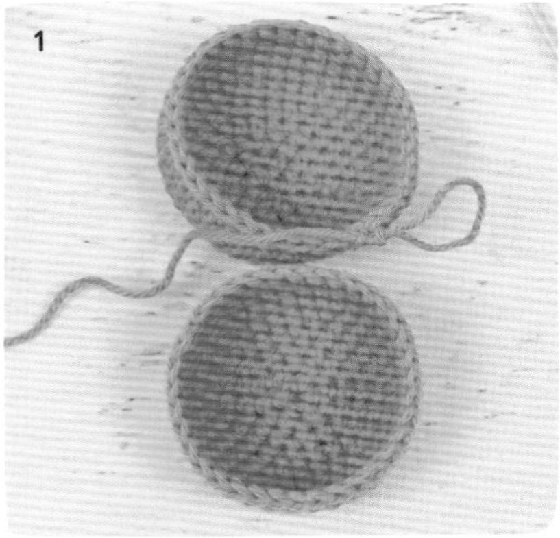
1

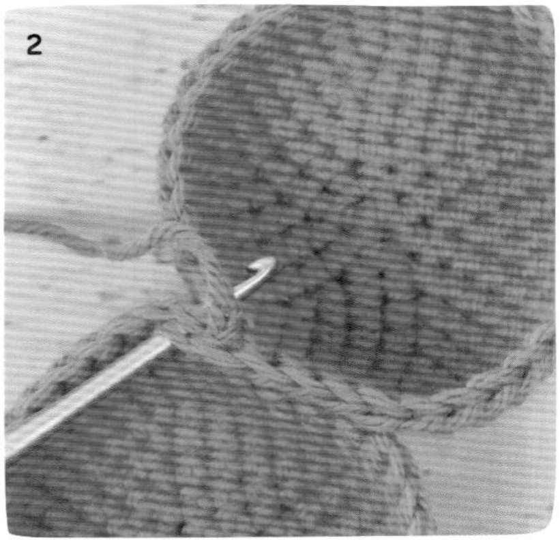
2

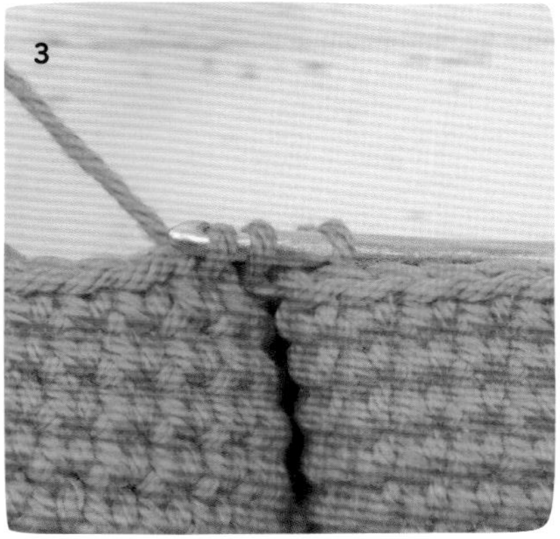
3

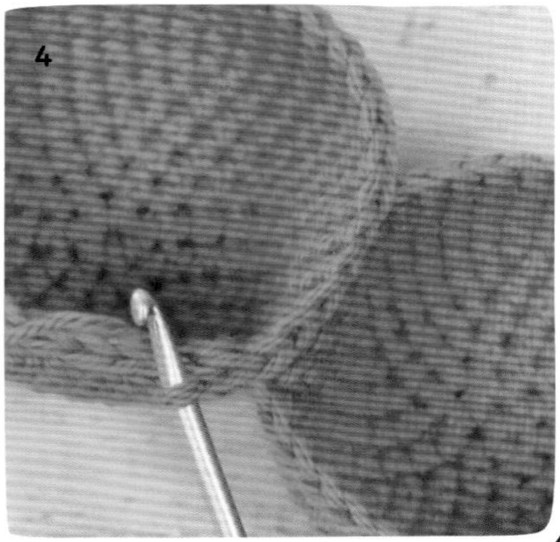
4

5

超有愛心！

同樣的作法，如果改用超粗的毛線，做好後就是一個現成的抱枕！我之前製作時大約使用了310克的毛線，完成尺寸高30.5公分、寬24公分。

STRAWBERRY ICE CREAM CONE
草莓冰淇淋

材料＆工具
- 3.25mm 鉤針和2.75mm 鉤針
- 棉質中量毛線：**淺粉紅色**、**棕黃色**、**白色**，各一球（50克）
- 棉質輕量毛線：**深粉紅色**、**萊姆綠色**，各一球（50克）
- 7mm 娃娃眼睛
- **粉紅色**及**黑色**散線
- 纖維填充物
- 縫針
- 記號別針

完成尺寸
高16.5公分
寬7.5公分

織片密度
2.5公分＝5短針 × 6排
（中量毛線）

進階

冰淇淋

第1圈：用 **3.25mm** 鉤針及**淺粉紅色**線，以環形起針法起6短針，呈輪環狀[共6針]
第2圈：每個針目2短針[共12針]
第3圈：（1次1短針、1次2短針）6次[共18針]
第4圈：（2次1短針、1次2短針）6次[共24針]
第5圈：（3次1短針、1次2短針）6次[共30針]
第6圈：（4次1短針、1次2短針）6次[共36針]
第7圈：（5次1短針、1次2短針）6次[共42針]
第8-14圈：每針目1短針[共42針]

將7mm 娃娃眼睛嵌進**第11**和**第12圈**之間，中間相隔四個針目，開始放進填充物。

第15圈：（5次1短針、1短針減針）6次[共36針]
第16圈：（4次1短針、1短針減針）6次[共30針]
第17圈：只鉤前半針，起1鎖針。（1次2中長針、1次4中長針）15次[共90針]

收針剪線並藏線頭。

甜筒

第1圈：用 **3.25mm** 鉤針及**棕黃色**線，以環形起針法起6短針，呈輪環狀[共6針]
第2圈：每針目2短針[共12針]
第3圈：（1次1短針、1次2短針）6次[共18針]
第4圈：（2次1短針、1次2短針）6次[共24針]
第5圈：只鉤後半針，每個針目1短針，以1引拔針連接第一針目[共24針]

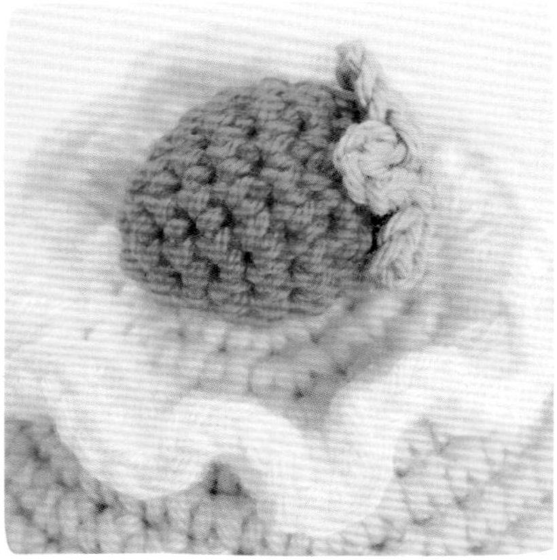

第6圈：起1鎖針。每個針目1短針，以1引拔針連接第一針目[共24針]
第7圈：起1鎖針。每個針目1中長針，以1引拔針連接第一針目[共24針]
第8-11圈：起1鎖針。（1表引中長針、只鉤後半針的1短針）12次，以1引拔針連接第一針目[共24針]
第12圈：起1鎖針。每個針目1短針，以1引拔針連接第一針目[共24針]
第13圈：只鉤前半針，起3鎖針。於起鎖針的同一個針目裡鉤2長針，接著鉤3次1長針、（1次2長針，3次1長針）5次，以1引拔針連接第一針目[共30針]
第14圈：只鉤後半針，起1鎖針。每個針目1短針，以1引拔針連接第一針目[共30針]
第15-18圈：起1鎖針。每個針目1短針，以1引拔針連接第一針目[共30針]

收針並留一長尾線後剪線。把甜筒和冰淇淋都塞滿填充物。用縫針和預留的尾線，將冰淇淋**第16圈**的後半針對齊甜筒**第18圈**的所有針目（包含前後針）後，拼接在一起（請參考P115）。

使用**黑色**和**粉紅色**毛線縫上嘴巴跟臉頰（請參考P116）。

開始塑型，先將縫針自底部中心穿進去，從頂部中心拉出，再從頂部穿進去，從略偏離底部中心的位置拉出。再次將縫針自底部中心穿進去，自頂部中心拉出，稍微把線拉緊，使甜筒底部出現凹槽。收尾剪線並藏線頭。

鮮奶油

第1圈：用**3.25mm**鉤針及**白色**線，以環形起針法起6短針，呈輪環狀[共6針]
第2圈：每個針目2短針[共12針]
第3圈：（1次1短針、1次2短針）6次[共18針]
第4圈：（2次1短針、1次2短針）6次[共24針]
第5圈：每針目3中長針[共72針]

隱形收針（請參考P112）並藏線頭。將鮮奶油固定在冰淇淋上。

草莓

第1圈：用**2.75mm**鉤針及**深粉紅色**線，以環形起針法起6短針，呈輪環狀[共6針]
第2圈：（1次1短針、1次2短針）3次[共9針]
第3圈：（2次1短針、1次2短針）3次[共12針]
第4圈：（3次1短針、1次2短針）3次[共15針]
第5圈：（4次1短針、1次2短針）3次[共18針]
第6圈：每個針目1短針[共18針]
第7圈：（1次1短針，1短針減針）6次[共12針]

塞進填充物。

第8圈：（1短針減針）6次[共6針]

收針並留一長尾線後剪線。用縫針將尾線穿過整圈前半針收口，藏線頭。將草莓固定於鮮奶油中央。

草莓葉梗

用**2.75mm**鉤針和**萊姆綠色**線，起4鎖針，再於第一針裡鉤進1引拔針，成圓圈狀。
第1圈：（起6鎖針，繞進圓圈裡鉤1引拔針）6次

收針剪線後藏線頭，並固定於草莓上。

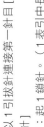

BOWL OF FRUIT LOOPS
繽紛水果穀片

材料&工具

- 2.75mm鉤針
- 輕量毛線：**粉紅色、白色、淺粉紅色**，各一球（50克）；另加上**紅色、橘色、黃色、綠色、藍色**及**紫色**，色調不拘。
- 7mm娃娃眼睛
- **黑色**散線
- 纖維填充物
- 縫針
- 記號別針

進階

完成尺寸
高8公分
寬10公分

織片密度
2.5公分=6短針×7排

牛奶

第1圈：用**白色**線，以環形起針法起6短針，呈輪環狀[共6針]
第2圈：每個針目2短針[共12針]
第3圈：（1次1短針、1次2短針）6次[共18針]
第4圈：（2次1短針、1次2短針）6次[共24針]
第5圈：（3次1短針、1次2短針）6次[共30針]
第6圈：（4次1短針、1次2短針）6次[共36針]
第7圈：（5次1短針、1次2短針）6次[共42針]
第8圈：（6次1短針、1次2短針）6次[共48針]
第9圈：（5次1短針、1次2短針）8次[共56針]
第10圈：（6次1短針、1次2短針）8次[共64針]
第11圈：每個針目1短針[共64針]

隱形收針（請參考P112）並藏線頭。

碗

第1圈：用**粉紅色**線，以環形起針法起6短針，呈輪環狀[共6針]
第2圈：每個針目2短針[共12針]
第3圈：（1次1短針、1次2短針）6次[共18針]
第4圈：（2次1短針、1次2短針）6次[共24針]
第5圈：（3次1短針、1次2短針）6次[共30針]

第6圈：（4次1短針、1次2短針）6次［共36針］
第7圈：只鉤後半針，每個針目1短針［共36針］
第8圈：每個針目1短針［共36針］
第9圈：（1短針減針，4次1短針）6次［共30針］
第10圈：（2次1短針、1次2短針）10次［共40針］
第11圈：（4次1短針、1次2短針）8次［共48針］
第12圈：（5次1短針、1次2短針）8次［共56針］
第13圈：（6次1短針、1次2短針）8次［共64針］
第14-23圈：每個針目1短針［共64針］

將7mm娃娃眼睛嵌進**第18**和**第19圈**之間，中間相隔五個針目，並放進填充物。

第24圈：將牛奶放進碗裡，碗的**第23圈**對齊牛奶的**第11圈**，用鉤碗的**粉紅色**線，以短針將所有針目（包含前後針）拼接在一起（請參考P115），再以1引拔針連接第一針目［共64針］
第25圈：起1鎖針。每個針目1短針，以1引拔針連接第一針目［共64針］
第26圈：每針目鉤1引拔針［共64針］

隱形收針（請參考P112）並藏線頭。

用**黑色**毛線縫上嘴巴（請參考P116）。

水果穀片（製作18個）

用**紅色**線，起6鎖針，回第一個針目鉤進1引拔針，繞成圓圈狀。

第1圈：繞進圓圈內鉤10次1短針，最後以1引拔針連接第一個針目。［共10針］

收針剪線並藏線頭。

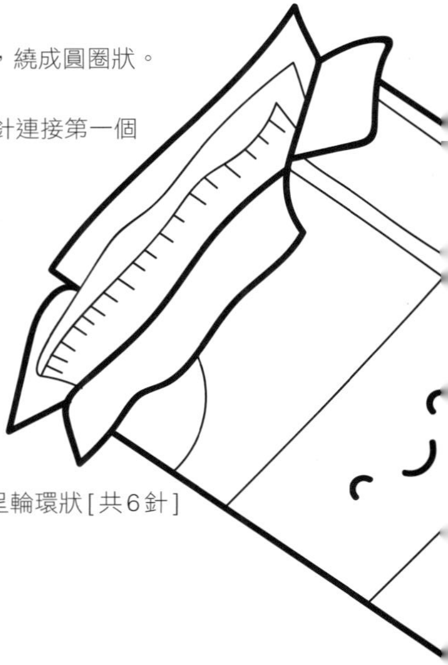

用以下六種顏色：**紅色**、**橘色**、**黃色**、**綠色**、**藍色**及**紫色**，各製作3個。全數完成後再固定於牛奶上。

湯匙

第1圈：用**淺粉紅色**線，以環形起針法起6短針，呈輪環狀［共6針］
第2圈：（1次1短針、1次2短針）3次［共9針］
第3圈：（2次1短針、1次2短針）3次［共12針］
第4圈：（3次1短針、1次2短針）3次［共15針］
第5圈：（4次1短針、1次2短針）3次［共18針］
第6-8圈：每個針目1短針［共18針］
第9圈：（4次1短針，1短針減針）3次［共15針］
第10圈：（3次1短針，1短針減針）3次［共12針］
第11圈：每個針目1短針［共12針］
第12圈：（2次1短針，1短針減針）3次［共9針］
第13圈：（1次1短針，1短針減針）3次［共6針］
第14-28圈：每個針目1短針［共6針］

將填充物只塞進湯匙柄部位，收針剪線並藏線頭。

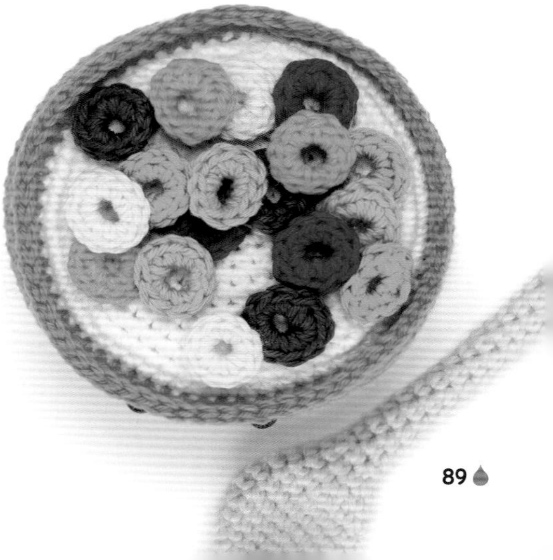

WATERMELON POPSICLE
西瓜冰棒

材料＆工具

- 2.75mm鉤針
- 棉質輕量毛線：**深粉紅色**、**萊姆綠色**、**草綠色**、**白色**、**棕黃色**、**黑色**，各一球（50克）
- 7mm娃娃眼睛
- **紅色**及**黑色**散線
- 纖維填充物
- 縫針
- 記號別針

完成尺寸

高14公分
寬5公分

入門

織片密度

2.5公分＝6短針×7排

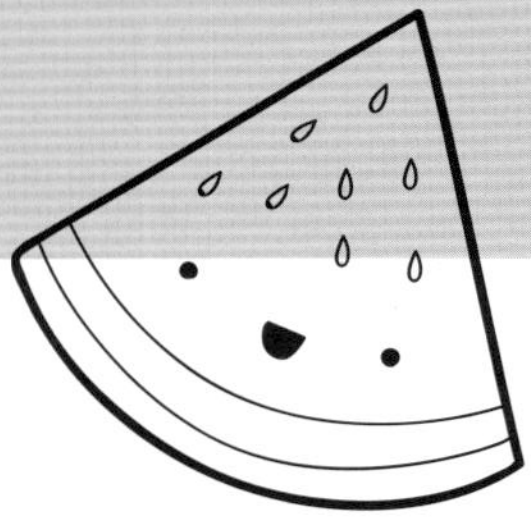

西瓜冰棒

第1圈：用**粉紅色**線，以環形起針法起6短針，呈輪環狀[共6針]
第2圈：每個針目2短針[共12針]
第3圈：（1次1短針、1次2短針）6次[共18針]
第4圈：（2次1短針、1次2短針）6次[共24針]
第5圈：（3次1短針、1次2短針）6次[共30針]
第6-24圈：每個針目1短針[共30針]
第25圈：換**白色**線。每個針目1短針[共30針]
第26圈：換**萊姆綠色**線。每個針目1短針[共30針]
第27圈：換**草綠色**線。每個針目1短針[共30針]
第28圈：每個針目1短針[共30針]

將7mm娃娃眼睛嵌進**第19**和**第20圈**之間，中間相隔四個針目，並放進填充物。

第29圈：只鉤後半針，（3次1短針、1短針減針）6次[共24針]
第30圈：（2次1短針，1短針減針）6次[共18針]
第31圈：（1次1短針，1短針減針）6次[共12針]
第32圈：換**棕黃色**線。（2次1短針、1短針減針）3次[共9針]
第33-41圈：每個針目1短針[共9針]

塞滿填充物，收針並留一長尾線後剪線。用縫針將尾線穿過整圈前半針收口，藏線頭。

使用**黑色**和**紅色**毛線縫上嘴巴跟臉頰（請參考P116），再用**黑色**線縫上西瓜籽。

沉穩咖啡

咖啡色帶有嚴肅正經卻平易近人的特質，
也象徵支持、穩定、慰藉和條理。
在色彩心理學中，咖啡色代表真誠，
令人聯想到腳踏實地、努力勤勞的工作者。

CORN DOG
熱狗

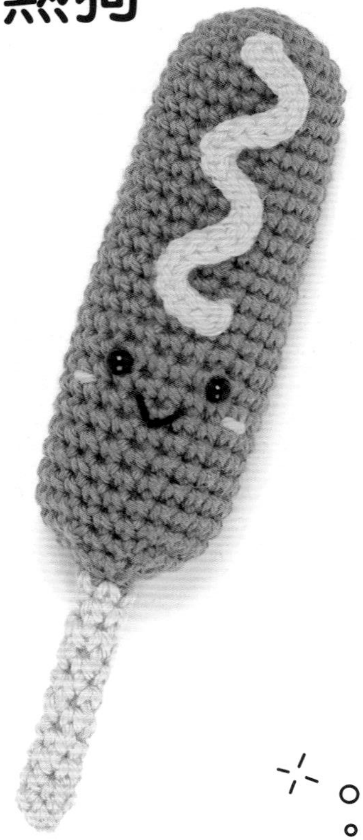

材料＆工具
- 2.75mm鉤針
- 棉質輕量毛線：**咖啡色、棕黃色、黃色**，各一球（50克）
- 5mm娃娃眼睛
- **黃色**及**黑色**散線
- 纖維填充物
- 木棒或木籤等細木棍
- 縫針
- 記號別針

完成尺寸
高15公分
寬4公分

織片密度
2.5公分＝6短針×7排

入門

熱狗

第1圈：用**咖啡色**線，以環形起針法起6短針，呈輪環狀[共6針]
第2圈：每個針目2短針[共12針]
第3圈：（1次1短針、1次2短針）6次[共18針]
第4圈：（2次1短針、1次2短針）6次[共24針]
第5-27圈：每個針目1短針[共24針]

將5mm娃娃眼睛嵌進**第20和21圈**之間，中間相隔三個針目，並放填充物。

第28圈：（2次1短針、1短針減針）6次[共18針]
第29圈：（1次1短針、1短針減針）6次[共12針]
第30圈：（1短針減針）6次[共6針]

塞滿填充物。

第31圈：換**棕黃色**線，每個針目1短針[共6針]
第32-40圈：每個針目1短針[共6針]

將細木棍插入棕黃色的熱狗棍中。

收針並留一長尾線後剪線，再用縫針穿過整圈前半針收口，藏線頭。

使用**黑色**和**黃色**毛線縫上嘴巴跟臉頰（請參考P116）。

黃芥末

用**黃色**線，起25鎖針。

第1排：自鉤針側算起第二針目的裡山開始（請參考P110），整排每針目鉤1引拔針。

收針剪線並藏線頭，再固定到熱狗的上面。

PRETZEL
德國結

德國結

第 1 圈：用**咖啡色**線，以環形起針法起 6 短針，呈輪環狀 [共 6 針]
第 2 圈：每個針目 2 短針 [共 12 針]
第 3-77 圈：每個針目 1 短針 [共 12 針]

將 5mm 娃娃眼睛嵌進**第 74** 和**第 75 圈**之間，中間相隔兩個針目，開始放進填充物。

中間孔洞的直徑大約 11.5mm，剛好適合將填充物塞進德國結裡。

第 78-116 圈：每個針目 1 短針 [共 12 針]
第 117 圈：（1 短針減針、2 次 1 短針）3 次 [共 9 針]
第 118 圈：（1 短針減針、1 次 1 短針）3 次 [共 6 針]

塞滿填充物，收針並留一長尾線後剪線。

1
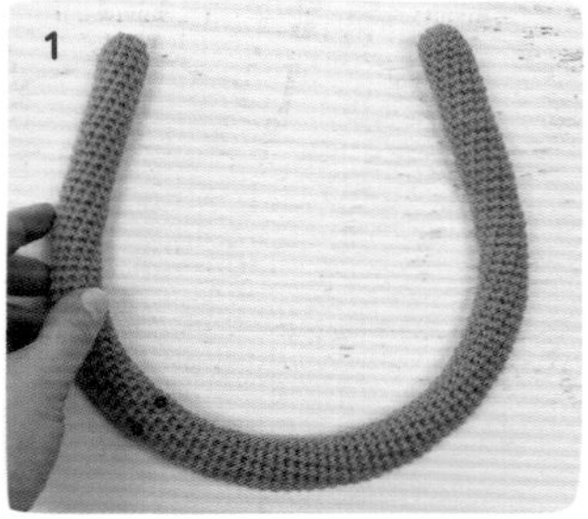

2

3
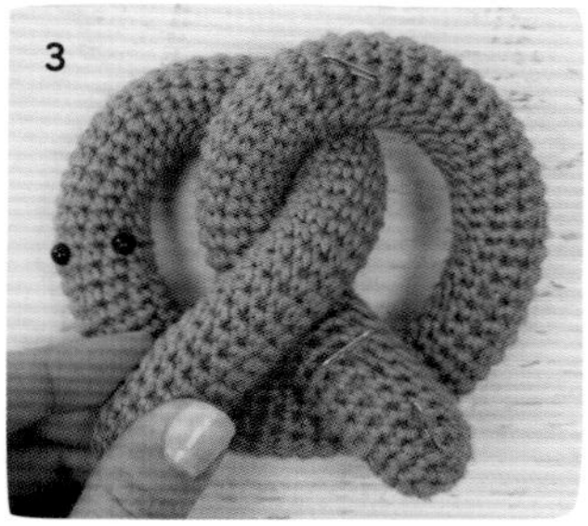

材料 & 工具
- 2.75mm 鉤針
- 棉質輕量毛線：
  咖啡色、白色，
  各一球（50 克）
- 5mm 娃娃眼睛
- **白色**及**黑色**散線
- 纖維填充物
- 大頭針
- 縫針
- 記號別針

完成尺寸
高 10 公分
寬 11.5 公分

織片密度
2.5 公分 = 6 短針 × 7 排

入門

用縫針將尾線穿過整圈前半針收口，藏線頭。

彎成「U字型」後，開始打成德國結（如圖1）。

握住兩端，往內交叉凹折（如圖2）。

再扭轉兩端半圈，使用大頭針固定於「U字型」底部（如圖3）。

可以多用幾個大頭針，確實固定住德國結的形狀，
之後再用熱熔槍把兩端黏好，或是用縫針跟毛線固定。

使用**黑色**和**白色**毛線縫上嘴巴跟粗鹽粒（請參考 P116）。

FORTUNE COOKiES
幸運籤餅乾

材料＆工具

- 3.25mm 鉤針和 2.75mm 鉤針
- 棉質中量毛線：
  棕黃色，一球（50克）
- 棉質輕量毛線：
  白色，一球（50克）
- 5mm 娃娃眼睛
- **紅色**及**黑色**散線
- 纖維填充物
- 紅色及粉紅色不織布
- 縫針
- 記號別針

完成尺寸
高7.5公分
寬4.5公分

入門

織片密度
2.5 公分 = 5 短針 × 6 排
（中量毛線）

餅乾

起針打活結時，先預留15公分的尾線。

第1圈：用**3.25mm**鉤針及**棕黃色**線，以環形起針法起6短針，呈輪環狀[共6針]
第2圈：每個針目2短針[共12針]
第3圈：（1次1短針、1次2短針）6次[共18針]
第4圈：（2次1短針、1次2短針）6次[共24針]
第5圈：（3次1短針、1次2短針）6次[共30針]
第6圈：（4次1短針、1次2短針）6次[共36針]
第7圈：（5次1短針、1次2短針）6次[共42針]
第8圈：（6次1短針、1次2短針）6次[共48針]
第9圈：（7次1短針、1次2短針）6次[共54針]
第10圈：（8次1短針、1次2短針）6次[共60針]

不剪線。

反面朝內，將圓形織片對折，對折後讓最後一針的位置剛好落在弧形中間。
把一開始預留的尾線穿進縫針，於織片中央略偏離中心點的位置縫上5到6針，每針都要拉緊。（如圖1）

翻面，使餅乾的正面朝上。（如圖2）

將 5mm 娃娃眼睛嵌進**第6**和**第7圈**之間，中間相隔兩個針目。（如圖3）

眼睛的位置可以放在餅乾側邊，或是放在餅乾正中央，做成貓咪版本。

幸運籤

用**2.75mm**鉤針及**白色**線，起11鎖針。

第1排：自鉤針側算起第二針目的裡山開始（請參考P110），鉤10次1短針，翻面。
第2排：起1鎖針，10次1短針，翻面。
[共10針]
第3排：起1鎖針，10次1短針，翻面。
[共10針]

收針剪線並藏線頭。

組裝及修飾

把幸運籤塞入餅乾中，一半留在外面。開始將餅乾兩側以引拔針鉤在一起，鉤到幸運籤時也將鉤針一併穿過去固定。（如圖4和5）

繼續沿著餅乾鉤進引拔針，邊鉤邊塞進填充物。隱形收針（請參考P112）並藏線頭。

使用**黑色**及**紅色**毛線縫上嘴巴和臉頰；貓咪版本則是縫上鬍鬚（請參考P116）。

剪下一個紅色的不織布小愛心，黏在幸運籤上；或是剪下一個粉紅色的不織布三角形，黏在貓咪臉上當貓鼻子。

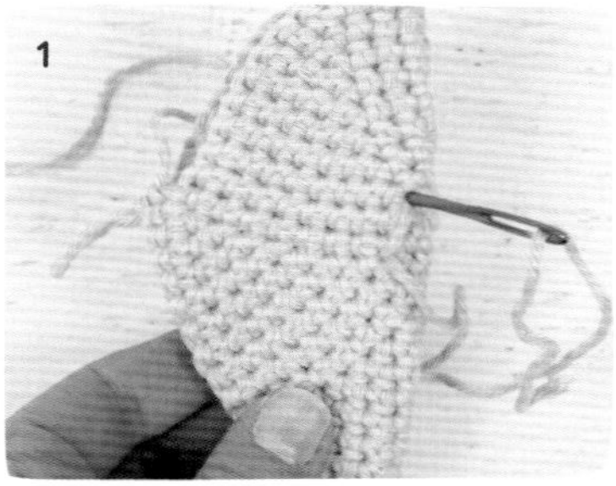

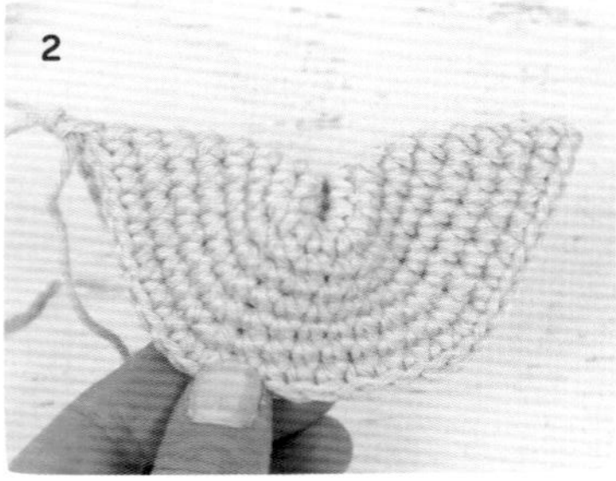

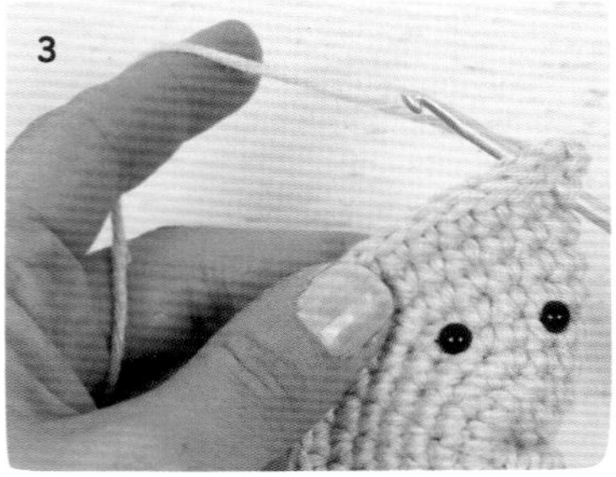

PANCAKeS
鬆餅

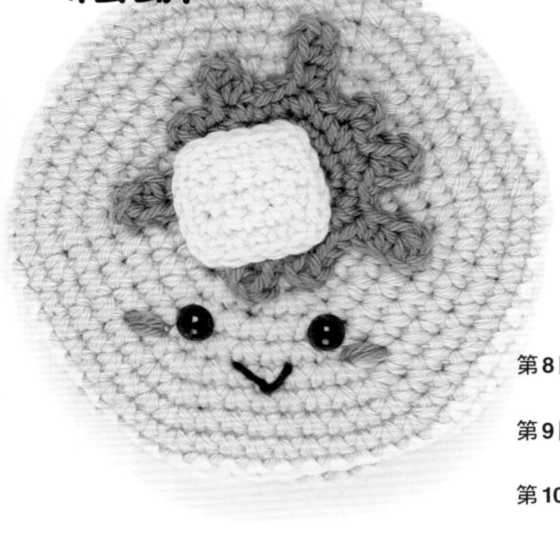

材料&工具

- 3.25mm鉤針和2.75mm鉤針
- 棉質中量毛線：**乳白色**、**棕黃色**，各一球（50克）
- 棉質輕量毛線：**咖啡色**、**黃色**，各一球（50克）
- 7mm娃娃眼睛
- **咖啡色**及**黑色**散線
- 纖維填充物
- 縫針
- 記號別針

完成尺寸

高10公分
寬10公分

入門

織片密度

2.5公分＝5短針 × 6排
（中量毛線）

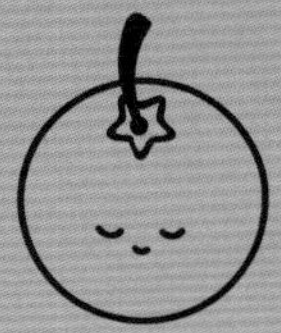

鬆餅（製作2片）

第1圈：用**3.25mm**鉤針及**棕黃色**線，以環形起針法起6短針，呈輪環狀[共6針]
第2圈：每個針目2短針[共12針]
第3圈：（1次1短針、1次2短針）6次[共18針]
第4圈：（2次1短針、1次2短針）6次[共24針]
第5圈：（3次1短針、1次2短針）6次[共30針]
第6圈：（4次1短針、1次2短針）6次[共36針]
第7圈：（5次1短針、1次2短針）6次[共42針]
第8圈：（6次1短針、1次2短針）6次[共48針]
第9圈：（7次1短針、1次2短針）6次[共54針]
第10圈：（8次1短針、1次2短針）6次[共60針]
第11圈：換**乳白色**線。每個針目1短針[共60針]
第12圈：每個針目1短針[共60針]
第13圈：換**棕黃色**線。（8次1短針、1短針減針）6次[共54針]
第14圈：（7次1短針、1短針減針）6次[共48針]
第15圈：（6次1短針、1短針減針）6次[共42針]

將7mm娃娃眼睛嵌進**第5**和**第6圈**之間，中間相隔四個針目，並放進填充物。

第16圈：（5次1短針、1短針減針）6次[共36針]
第17圈：（4次1短針、1短針減針）6次[共30針]
第18圈：（3次1短針、1短針減針）6次[共24針]
第19圈：（2次1短針、1短針減針）6次[共18針]
第20圈：（1次1短針、1短針減針）6次[共12針]
第21圈：（1短針減針）6次[共6針]

塞滿填充物，收針並留一長尾線後剪線。用縫針將尾線穿過整圈前半針收口，藏線頭。

使用**黑色**和**咖啡色**毛線縫上嘴巴跟臉頰（請參考P116）。

第二片鬆餅無須製作五官。

我的心都被你融化了

可以自由利用書中其他的織圖，在鬆餅上加上不同配料。例如冰淇淋織圖中的藍莓、草莓和櫻桃，都是讓美味倍增的可口裝飾。

糖漿

第1圈：用 **2.75mm** 鉤針及**咖啡色**線，以環形起針法起 6 短針，呈輪環狀[共6針]

第2圈：每個針目2短針[共12針]

第3圈：（1次1短針、1次2短針）6次[共18針]

第4圈：（1次1短針，起3鎖針，自鉤針側算起第二針目開始鉤2次1中長針，再於起鎖針的同一針目裡鉤1短針。鉤1次1短針，起2鎖針，自鉤針側算起第二針目裡鉤1中長針，再於起鎖針的同一針目裡鉤1短針。鉤2次1短針，起4鎖針，自鉤針側算起第二針目開始鉤3次1中長針，再於起鎖針的同一針目裡鉤1短針，鉤2次1短針）3次

隱形收針（請參考 P112）並藏線頭，固定於鬆餅的眼睛上方。

奶油

用 **2.75mm** 鉤針及**黃色**線，起5鎖針。

第1排：從鉤針側算起第二鎖針的針目開始，鉤 4 次 1 短針，翻面[共4針]

第2-4排：起 1 鎖針，整排每個針目鉤1短針，翻面[共4針]

第5圈：沿著正方形奶油鉤整圈，每邊各鉤 4 次 1 短針，每個角各起1鎖針[共20針]

隱形收針並藏線頭，固定於糖漿上。

VANILLA ICE CREAM CONE
香草冰淇淋

材料＆工具
- 3.25mm鉤針和2.75mm鉤針
- 棉質中量毛線：**奶油色、棕黃色、咖啡色**，各一球（50克）
- 棉質輕量毛線：**咖啡色、紅色**，各一球（50克）
- 7mm娃娃眼睛
- **粉紅色**及**黑色**散線
- 纖維填充物
- 縫針
- 記號別針

完成尺寸
高18公分
寬7.5公分

織片密度
2.5公分＝5短針 × 6排
（中量毛線）

進階

冰淇淋

第1圈：用**3.25mm**鉤針及**奶油色**線，以環形起針法起6短針，呈輪環狀[共6針]
第2圈：每個針目2短針[共12針]
第3圈：（1次1短針、1次2短針）6次[共18針]
第4圈：（2次1短針、1次2短針）6次[共24針]
第5圈：（3次1短針、1次2短針）6次[共30針]
第6圈：（4次1短針、1次2短針）6次[共36針]
第7圈：（5次1短針、1次2短針）6次[共42針]
第8-14圈：每個針目1短針[共42針]

將7mm娃娃眼睛嵌進**第11**和**第12圈**之間，中間相隔四個針目，開始放進填充物。

第15圈：（5次1短針、1短針減針）6次[共36針]
第16圈：（4次1短針、1短針減針）6次[共30針]
第17圈：只鉤前半針，起1鎖針，（1次2中長針、1次4中長針）15次[共90針]

收針剪線並藏線頭。

甜筒

第1圈：用**3.25mm**鉤針及**棕黃色**線，以環形起針法起6短針，呈輪環狀[共6針]
第2圈：每個針目2短針[共12針]
第3圈：（1次1短針、1次2短針）6次[共18針]
第4圈：（2次1短針、1次2短針）6次[共24針]
第5圈：只鉤後半針，每個針目1短針，以1引拔針連接第一針目[共24針]
第6圈：起1鎖針。每個針目1短針，以1引拔針連接第一針目[共24針]
第7圈：起1鎖針。每個針目1中長針，以1引拔針連接第一針目[共24針]
第8-11圈：起1鎖針。（1次表引中長針、只鉤後半針的1短針）12次，以1引拔針連接第一針目[共24針]
第12圈：起1鎖針。每個針目1短針，以1引拔針連接第一針目[共24針]

散發魅力的你

鉤這款冰淇淋當作情人節禮物，不僅能融化對方的心，還可以變成當月最受矚目的小甜心！

第13圈：只鉤前半針，起3鎖針，於起鎖針的同一個針目裡鉤2長針，接著鉤3次1長針、（1次2長針、3次1長針）5次，以1引拔針連接第一針目[共30針]

第14圈：只鉤後半針，起1鎖針，每個針目1短針，以1引拔針連接第一針目[共30針]

第15-18圈：起1鎖針，每個針目1短針，以1引拔針連接第一針目[共30針]

收針並留一長尾線後剪線。把甜筒和冰淇淋都塞滿填充物。用縫針和預留的尾線，將冰淇淋**第16圈**的後半針對齊甜筒的**第18圈**所有針目（包含前後針），縫合拼接在一起（請參考P115）。

使用**黑色**和**粉紅色**毛線縫上嘴巴跟臉頰（請參考P116）。

開始塑型，先將縫針自底部中心穿進去，從頂部中心拉出，再從頂部穿進去，從略偏離底部中心的位置拉出。再次將縫針自底部中心穿進去，自頂部中心拉出，稍微把線拉緊，使甜筒底部出現凹槽。收尾剪線並藏線頭。

巧克力

第1圈：用**3.25mm**鉤針及**咖啡色**中量線，以環形起針法起6短針，呈輪環狀[共6針]

第2圈：每個針目2短針[共12針]

第3圈：（1次1短針、1次2短針）6次[共18針]

第4圈：（1次1短針，起3鎖針，自鉤針側算起第二針目開始鉤2次1中長針，再於起鎖針的同一針目裡鉤1短針。鉤1次1短針，起2鎖針，自鉤針側算起第二針目裡鉤1中長針，再於起鎖針的同一針目裡鉤1短針。鉤2次1短針，起4鎖針，自鉤針側算起第二針目開始鉤3次1中長針，再於起鎖針的同一針目裡鉤1短針，鉤2次1短針）3次

隱形收針（請參考P112）並藏線頭，將巧克力固定於冰淇淋上方。

櫻桃

第1圈：用**2.75mm**鉤針及**紅色**線，以環形起針法起6短針，呈輪環狀[共6針]

第2圈：每個針目2短針[共12針]

第3圈：（1次1短針、1次2短針）6次[共18針]

第4圈：（2次1短針、1次2短針）6次[共24針]

第5圈：（2次1短針、1短針減針）6次[共18針]

第6圈：（1次1短針、1短針減針）6次[共12針]

塞進填充物。

第7圈：（1短針減針）6次[共6針]

收針並留一長尾線後剪線。用縫針將尾線穿過整圈前半針收口，藏線頭。固定巧克力上方中心位置。

櫻桃梗

使用**2.75mm**鉤針及**咖啡色輕量**線。

第1排：起8鎖針，自鉤針側算起第二針目的裡山開始，鉤1短針、6次1引拔針。[共7針]

收針剪線並藏線頭，固定至櫻桃頂端。

TECHNIQUES

鉤織技巧

USEFUL INFORMATiON

實用術語和技巧

常見的鉤針織圖符號

- ▷ 起始點
- ୨ 環形起針法
- ○ 鎖針
- ● 引拔針
- × 短針
- T 中長針
- 長針
- 長長針
- ⌒ 前半針
- ◡ 後半針
- ×× 短針加針

鉤針對照表

鉤針大多分為美國和日本兩種規格，本書使用的是美規鉤針的C-2和D-3。習慣用日規鉤針的人，也可以對照相近尺寸購買（請參考下方對照表），但要記得隨鉤針尺寸調整毛線尺寸，也因為毛線粗度不同，完成後的成品大小會有差異。

鉤針直徑	日本針號	美國針號
2.0mm	2/0	
2.25mm		B-1
2.3mm	3/0	
2.5mm	4/0	
2.75mm		C-2
3.0mm	5/0	
3.25mm		D-3
3.5mm	6/0	E-4
3.75mm		F-5
4.0mm	7/0	G-6
4.5mm	7.5/0	G-7
5.0mm	8/0	H-8
5.5mm	9/0	I-9
6.0mm	10/0	J-10

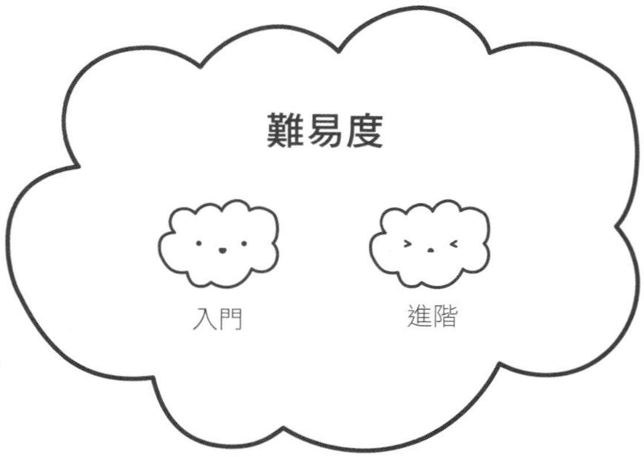

本書步驟的使用方式

- 幾乎所有的織圖都是以螺旋狀連續鉤織；除非步驟裡特別提及，才需要連結上一圈。
- 如果是鉤一整排的話，則會以「排」而不是以「圈」數計算。
- 本書步驟中標示的針法數字，為一個針目中的針數。例如一個針目中鉤 1 次短針，即標示為「1 短針」，若一個針目鉤 2 次短針，則為「2 短針」。
- 整圈裡使用的針法會放在同一個括號中，重複的次數則加在括號後。例如**（2 次 1 短針、1 次 2 短針）6 次**，表示前兩針目各鉤進 1 短針，第三針目鉤 2 短針（也稱為短針加針），並重複上述步驟6次。
- 在同一針目裡連續鉤入不同針法時，會使用＋號連結針法。例如**（1 引拔針 +2 鎖針 + 1 長針 + 2 鎖針 + 1 引拔針）4 次**。表示連續四個針目裡，都依序鉤入上述針法。
- 每一行最後的方括號裡，會出現此步驟應有的總針數。例如 **[共 24 針]**，表示這一圈或一排鉤完後總計 24 針。起針的鎖針或結尾時的引拔針則不在此列。

自行更改設計

想讓你的鉤織玩偶更與眾不同，最簡單的方法，就是選用跟織圖裡不一樣粗細的毛線。

比方說，如果要製作一個超大型愛心抱枕，就改用超粗毛線來鉤，這樣就可以維持相同比例，鉤出大的成品。如果想鉤一個小巧的鉛筆鑰匙圈，則選用超細毛線和小號的鉤針。鉤織玩偶的用途很廣，只要依照自己需求大小，變換毛線粗細及相對應的鉤針尺寸就可以了！

換用不同粗細的毛線時，也需要換用不同尺寸的鉤針。建議選擇使用比毛線包裝牌子上建議尺寸再小一些的鉤針。這樣可以讓鉤出來的針目更緊密，塞進填充物後外觀不容易被撐出空隙。

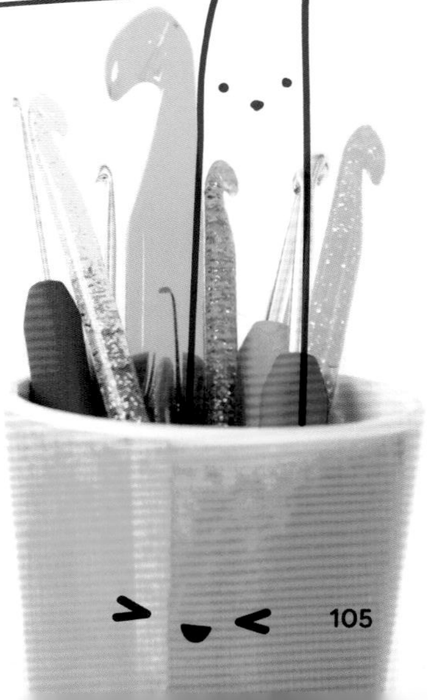

BASIC STiTCHESS
起針&基本鉤織針法

起針：環形起針法

又稱「輪狀起針法」。線的尾端朝下方垂放，繞線形成一個圓圈，並用兩隻手指壓緊固定（如圖1）。

鉤針穿進圈裡鉤住線後，再從圈裡拉出（如圖2），起一鎖針固定，開始繞著圈鉤需要的針數，鉤好後，拉尾線將圓圈收緊成輪環狀（如圖3）。

打結：活結

將線的尾端朝下，繞線形成一圓圈，用鉤針或是手指穿進圈內，將線從圈裡拉出（如圖4），拉線收緊。

針法①：鎖針

繞線在鉤針上後，再從線圈裡拉出來（如圖5）。

針法②：引拔針

將鉤針穿進針目，線繞在鉤針上，從針目裡拉出（如圖6）。

針法③：短針

將鉤針穿進針目後繞線，再從針目裡拉出（如圖7），鉤針上會有兩個線圈，再將線繞在鉤針上，從兩個線圈裡拉出（如圖8）。

針法④：中長針

繞線在鉤針上，穿進針目裡（如圖9），繞線在鉤針上，從針目裡拉出，再將線繞在鉤針上，從鉤針上三個線圈裡拉出（如圖10）。

針法⑤：長針

繞線在鉤針上，穿進針目裡（如圖11），繞線在鉤針上，從針目裡拉出，現在鉤針上共有三個線圈（如圖12）。繞線在鉤針上，從前兩個線圈裡拉出，使鉤針上還剩兩個線圈，繞線在鉤針上，從最後的兩個線圈裡拉出。

針法⑥：長長針

將線繞兩次在鉤針上，穿進針目裡（如圖13），繞線在鉤針上，從針目裡拉出。繞線在鉤針上，穿進前兩線圈裡拉出（如圖14），現在鉤針上共有三個線圈。再次繞線在鉤針上，穿進前兩線圈裡拉出，現在鉤針上剩兩個線圈，繞線在鉤針上，從最後的兩個線圈裡拉出。

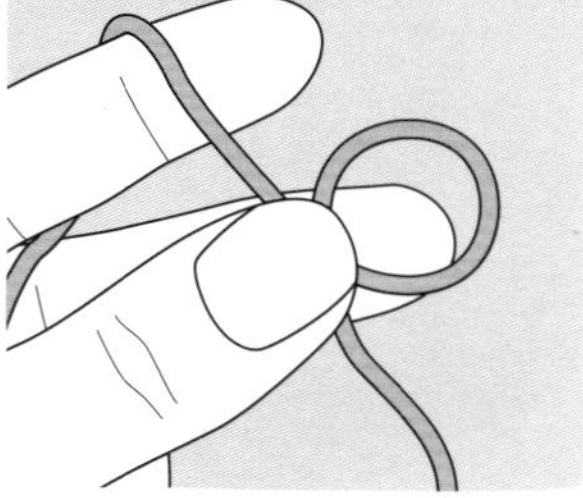
1 環形起針法

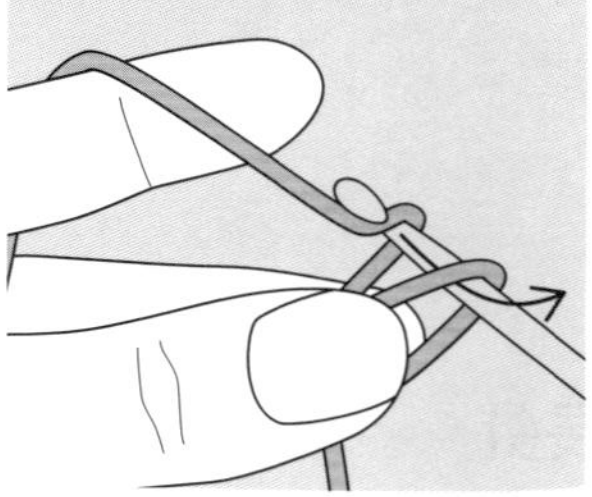
2 環形起針法

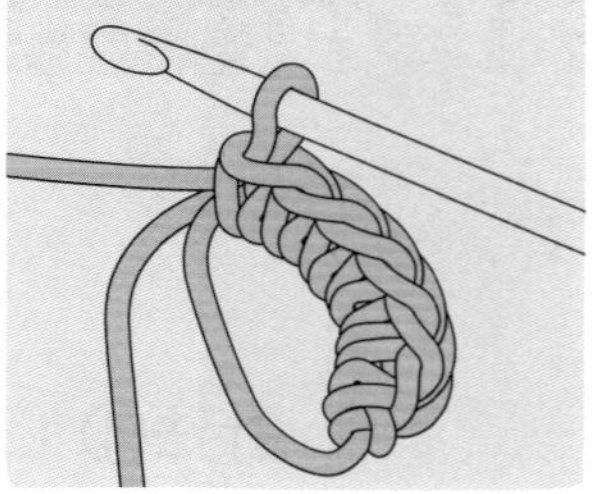
3 環形起針法

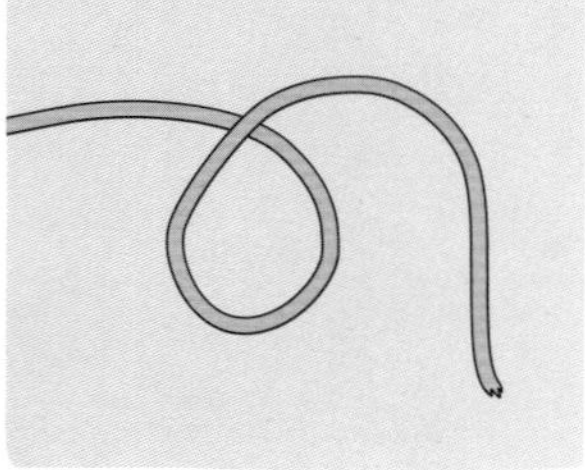
4 活結

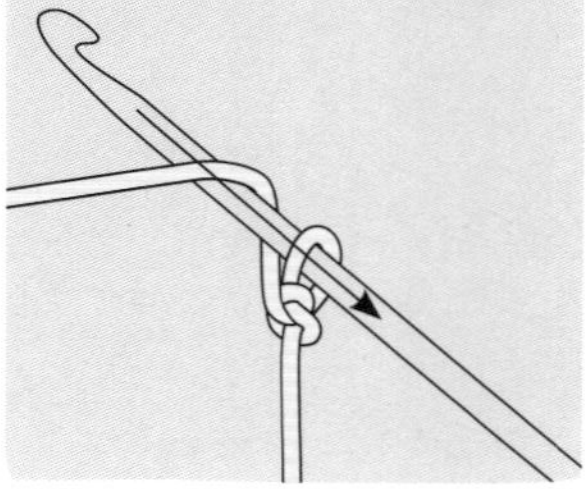
5 鎖針

6 引拔針

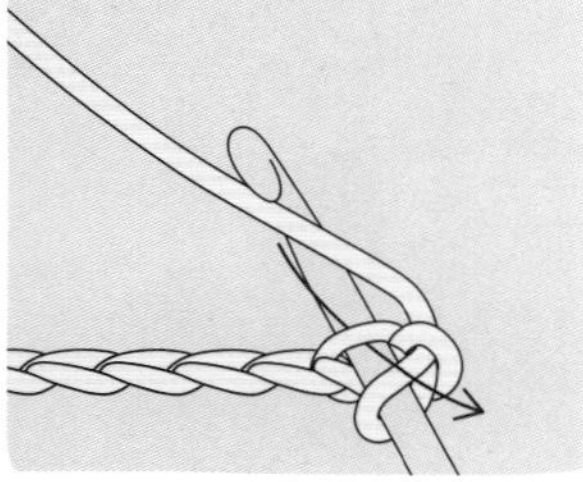
7 短針

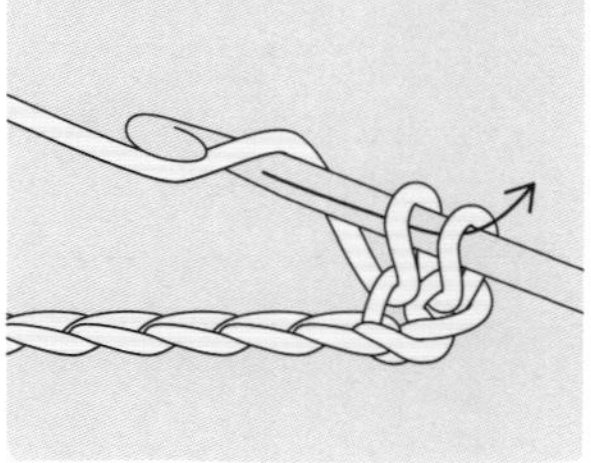
8 短針

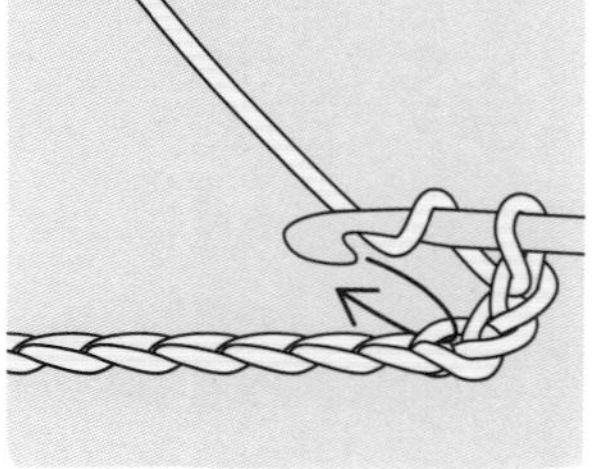
9 中長針

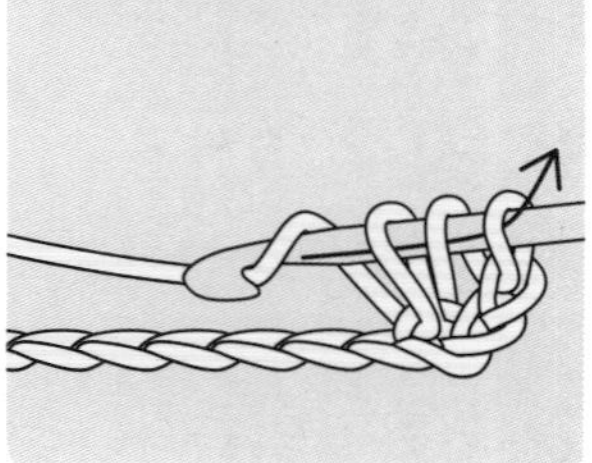
10 中長針

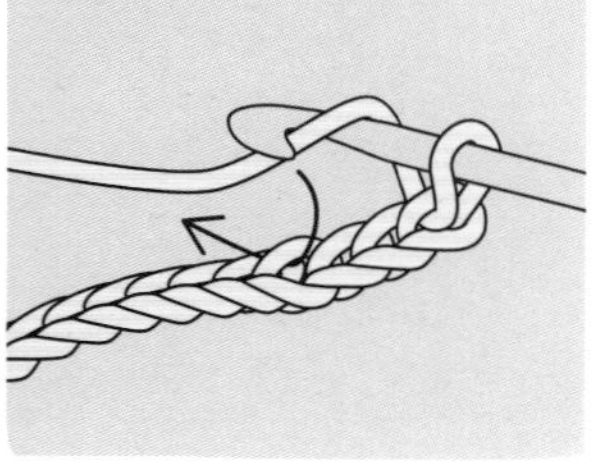
11 長針

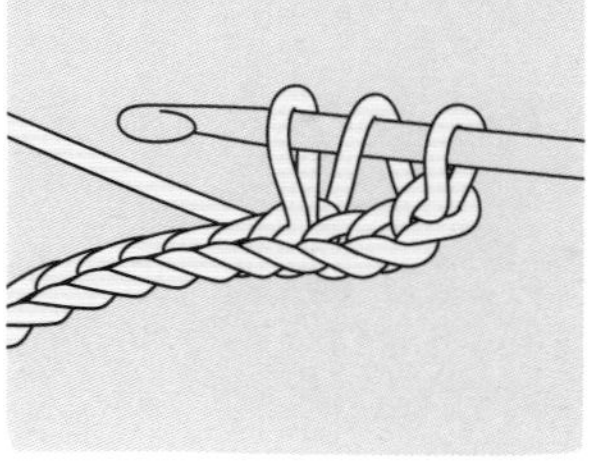
12 長針

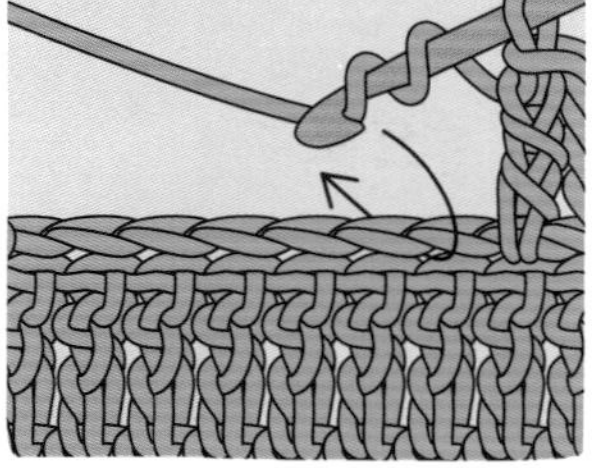
13 長長針

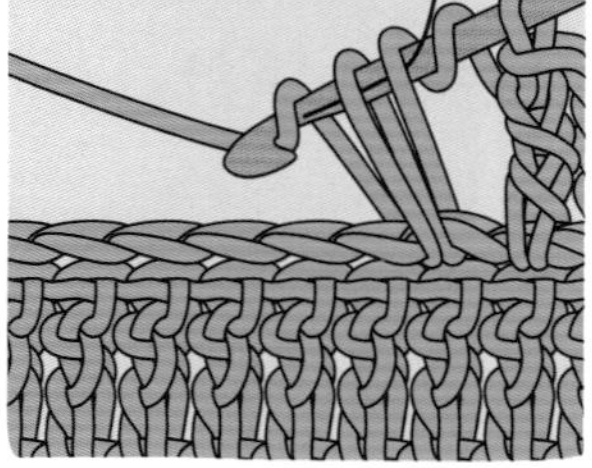
14 長長針

DECREASING STITCHES
減針

減針針法①：
隱形短針減針

鉤織立體作品時，使用一般基本的減針容易留下小縫隙或是表面突起。所以在製作鉤針小物時，利用隱形短針減針的技巧，完成後的外觀會更平滑平坦。

將鉤針穿進第一針目的前半針，再直接穿進第二針目的前半針，繞線在鉤針上（如圖1），從兩個前半針拉出，此時鉤針上會有兩線圈。再次繞線在鉤針上，從兩個線圈中拉出，完成鉤一個短針的步驟（如圖2）。

這個技巧也適用於其他長針法，像是中長針和長針減針。

減針針法②：
短針減針（兩短針併一針）

將鉤針穿進第一針目，用鉤針繞線後從針目裡拉出，此時鉤針上有兩線圈（如圖3）。將鉤針穿進第二針目，繞線在鉤針上，從針目裡拉出，此時鉤針上會有三個線圈（如圖4），再用鉤針繞線後，從三個線圈中拉出。

減針針法③：
中長針減針（兩中長針併一針）

繞線在鉤針上，穿進第一針目（如圖5），再繞線從針目裡拉出，此時鉤針上會有三個線圈（如圖6）。將鉤針穿進第二針目（如圖7），繞線在鉤針後從針目裡拉出，現在鉤針上共有四個線圈（如圖8），繞線在鉤針上，從四個線圈中拉出。

減針針法④：
長針減針（兩長針併一針）

繞線在鉤針上，穿進第一針目（如圖9），再繞線從針目裡拉出，此時鉤針上會有三個線圈（如圖10）。繞線在鉤針上後從前兩個線圈中拉出，現在鉤針上還會有兩個線圈（如圖11），繞線在鉤針上，穿進第二針目（如圖12），再繞線從針目裡拉出，鉤針上現在共有四個線圈（如圖13）。繞線在鉤針上後，從前兩個線圈中拉出，鉤針上剩下三個線圈（如圖14），最後一次繞線後從三個線圈中拉出。

1 隱形短針減針

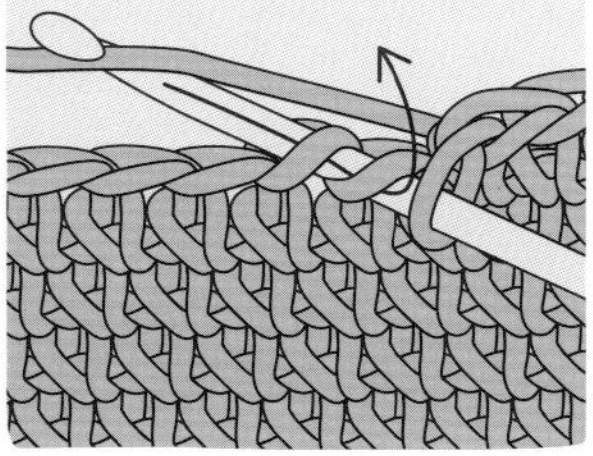

2 隱形短針減針

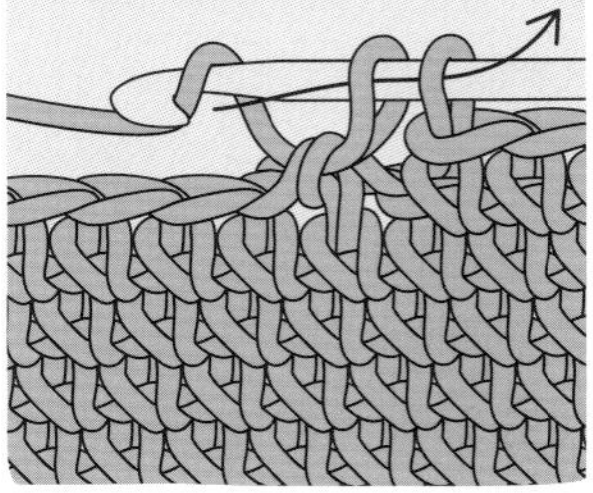

3 短針減針

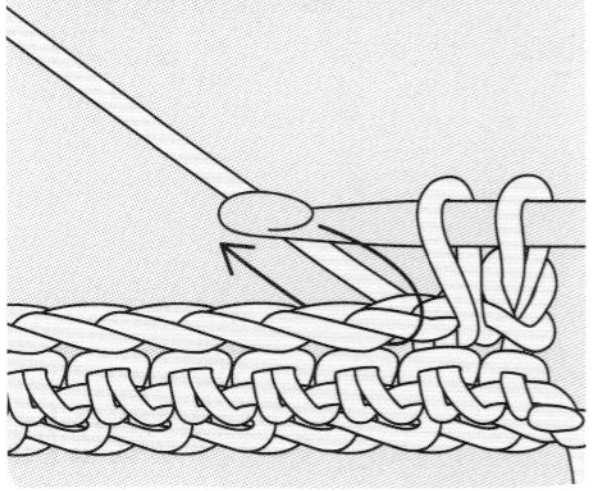

4 短針減針

5 中長針減針

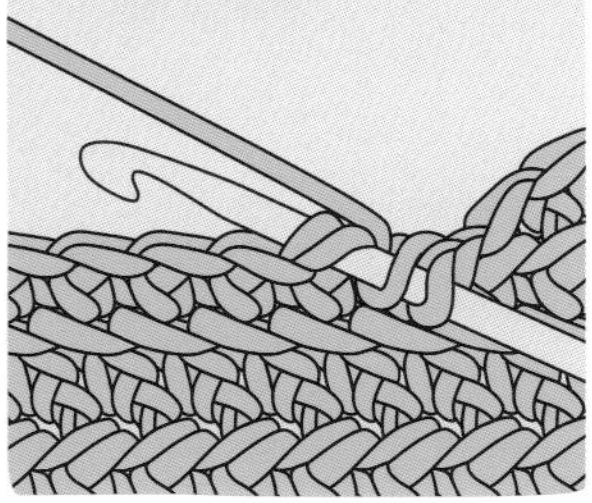

6 中長針減針

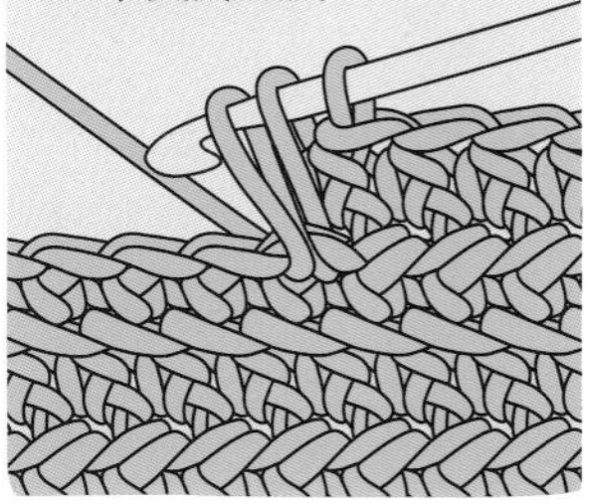

7 中長針減針

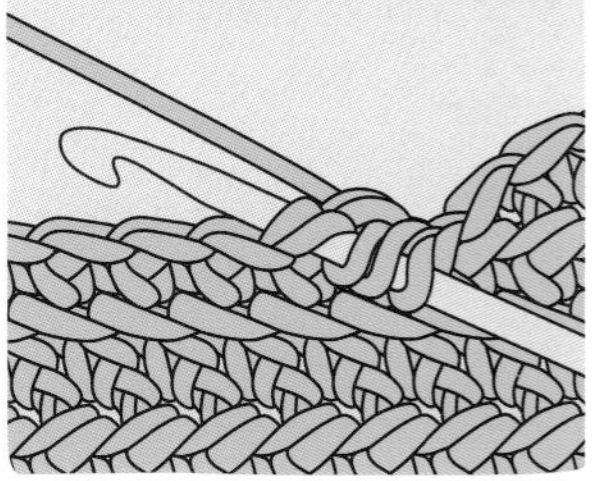

8 中長針減針

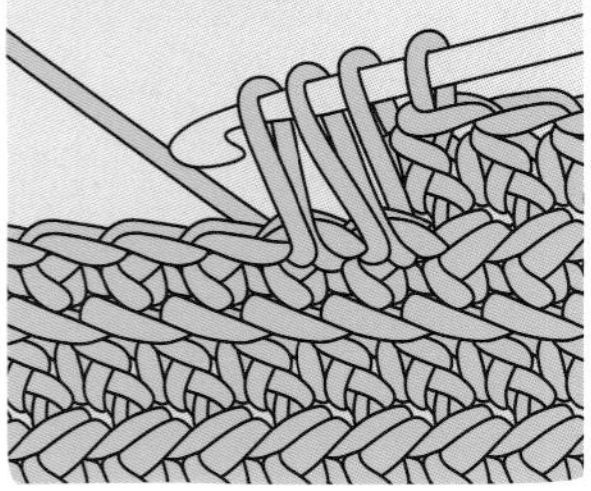

9 長針減針

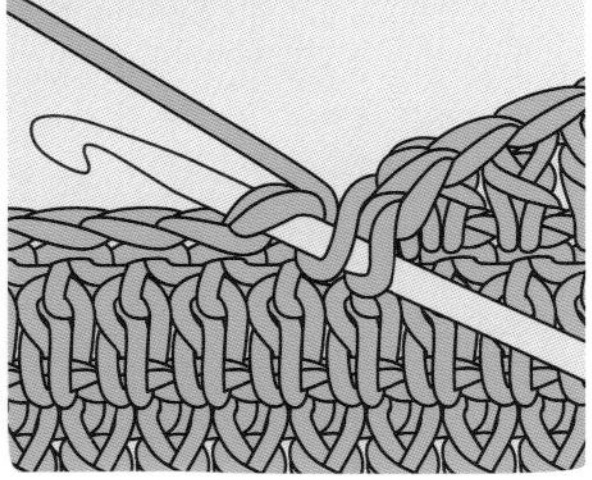

10 長針減針

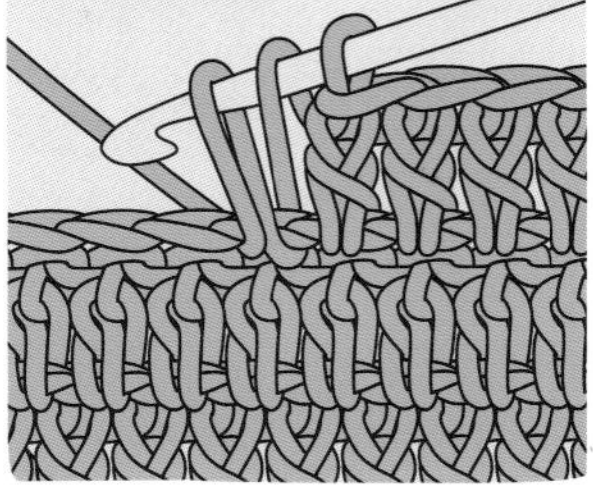

11 長針減針

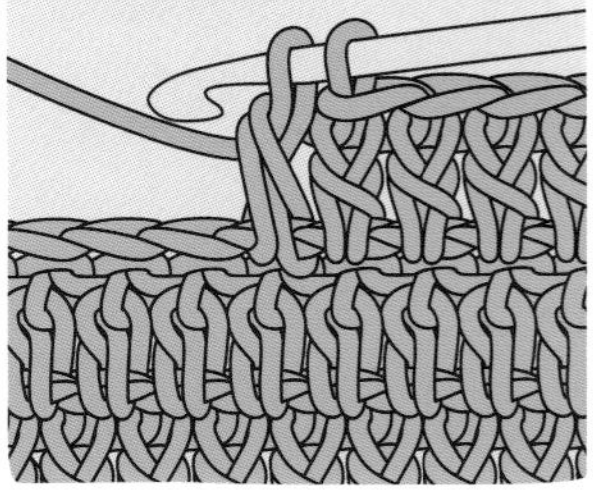

12 長針減針

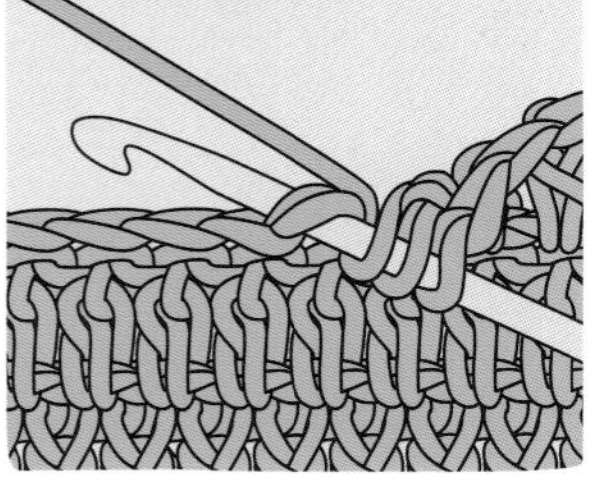

13 長針減針

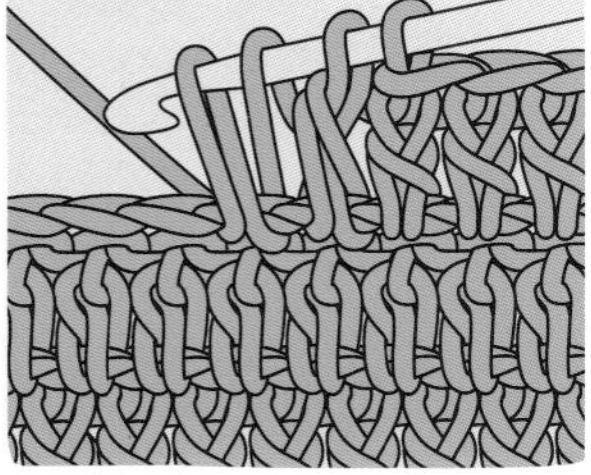

14 長針減針

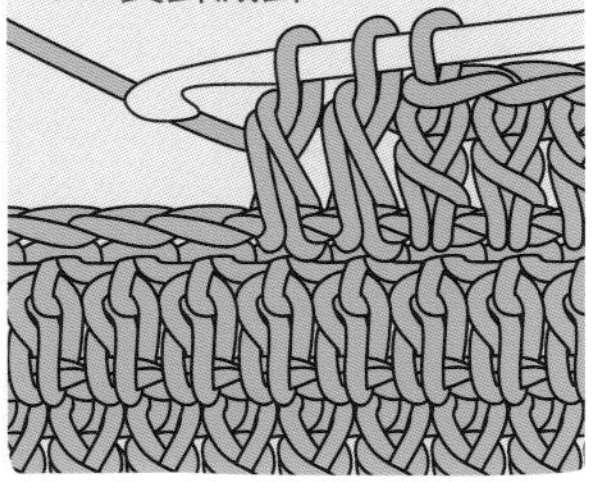

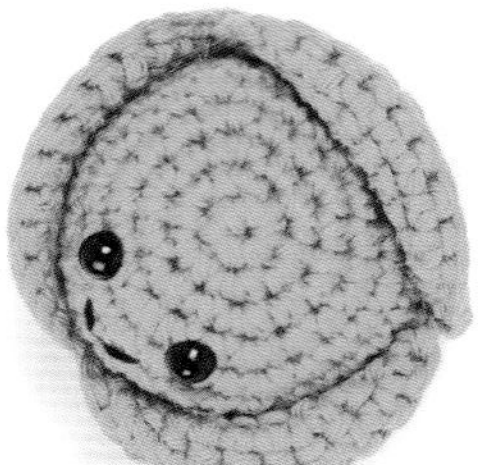

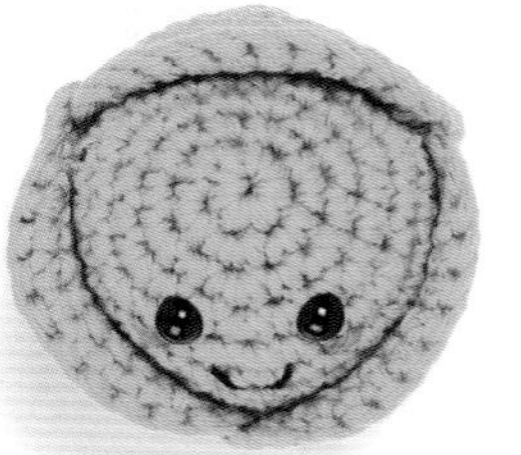

SPECiAL STITCHES

特殊針法＆用語

特殊針法①：五長針泡泡針

又稱「棗形針」、「爆米花針」。線在鉤針上繞一圈後，穿進針目裡，接著再用鉤針繞線後，從針目裡拉出來。再一次繞線在鉤針上，從前兩個線圈中拉出，此時鉤針上有兩個線圈。

重複同樣動作，繞線在鉤針上後，穿進同一針目，再繞線後從針目裡拉出，接著再次繞線，從前兩個線圈中拉出，此時鉤針上有三個線圈。

重複上一步驟直到鉤針上有六個線圈，再次繞線後從六個線圈裡拉出來（如圖1），最後起1個鎖針固定泡泡針（如圖2）。

特殊針法②：三長針泡泡針

跟五長針泡泡針的針法相同，不同之處在於總共只鉤三針長針，而不是鉤五針長針，直到最後一個步驟時，鉤針上共有四個線圈，繞線後從全部線圈中拉出。

特殊針法③：表引中長針

繞線在鉤針上，將鉤針從後方穿過針目下面的（直立部分）針體（如圖3），繞線後拉出，此時鉤針上會有三個線圈（如圖4），再繞線從全部線圈中拉出（如圖5）。

分辨織片的正面／反面

鉤織環狀（圈型）時，能夠正確分辨織片的正反面是很重要的技巧，尤其是碰到需要只鉤前半針或後半針的步驟時，就一定得先學會如何分辨。

織片的正面呈現一個小V字整齊排列（如圖6），而反面則是會有水平的線，也叫做裡山（如圖7）。

鉤織用語：前半針

一個針目中，較靠近自己身體那邊的線圈，稱為前半針。如果織圖說明只鉤前半針，就表示只在前半針裡鉤進需要的針（如圖8）。

鉤織用語：後半針

相反地，一個針目中，離自己身體較遠的線圈，則稱為後半針。如果織圖說明只鉤後半針，就表示只在後半針裡鉤進需要的針（如圖9）。

鉤織用語：裡山

裡山位於織片的反面，針目的後半針下方（如圖10、11）。

鉤織用語：基礎鎖針鏈的正面／反面

鎖針鏈的正面，所有針目看起來平順，並且像是一連串的V字型連結成鏈（如圖12），而反面的針目則會呈現凹凸不平的狀態。

沿著鎖針鏈反面的裡山鉤（如圖13），鉤出來的針目看起來比較平整。

1 五長針泡泡針

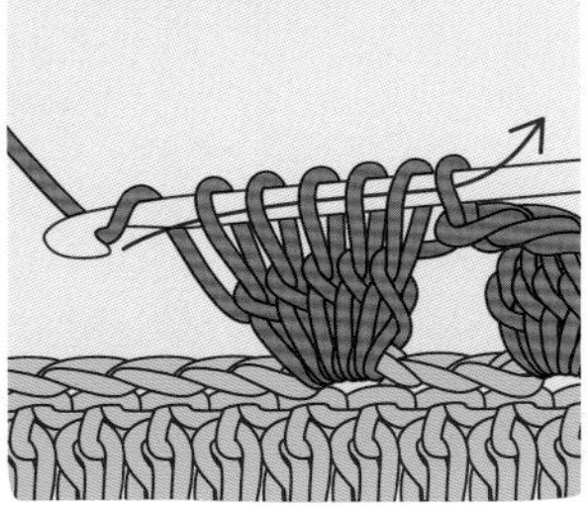

2 五長針泡泡針

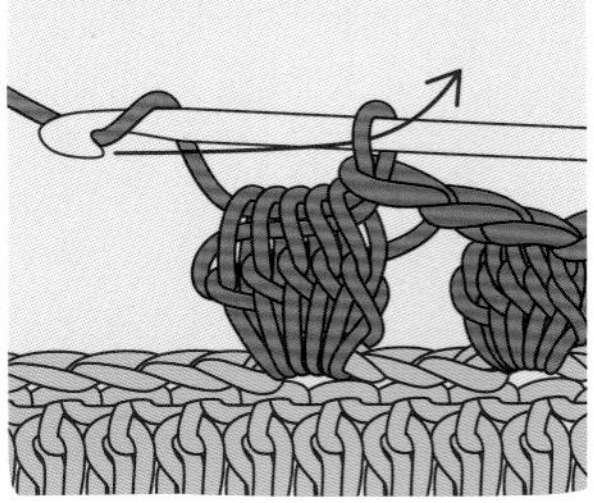

3 表引中長針

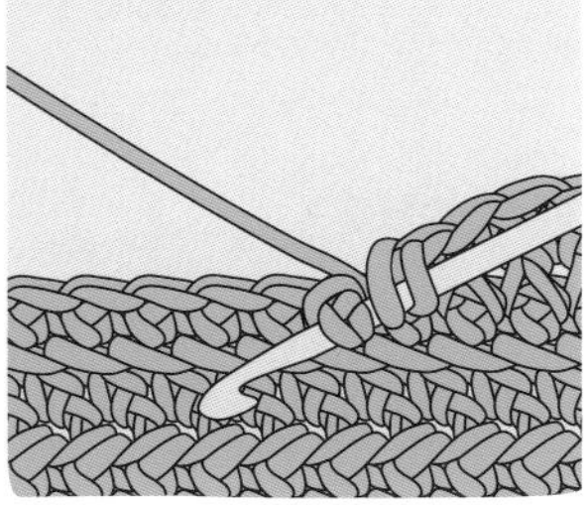

4 表引中長針

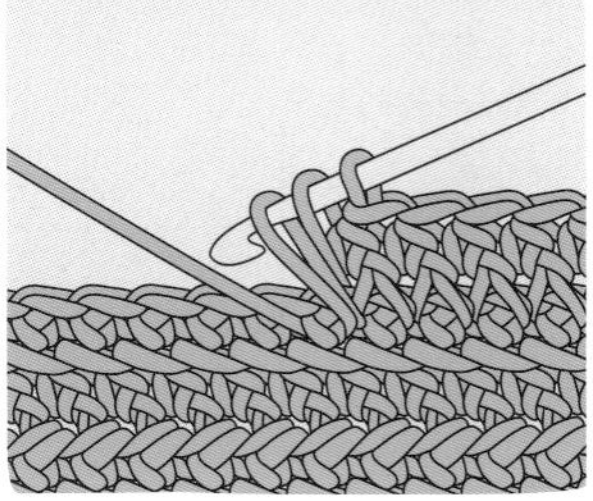

5 表引中長針

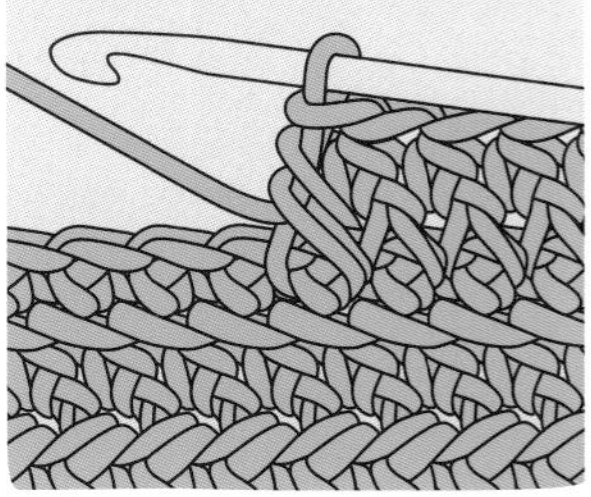

6 織片的正面

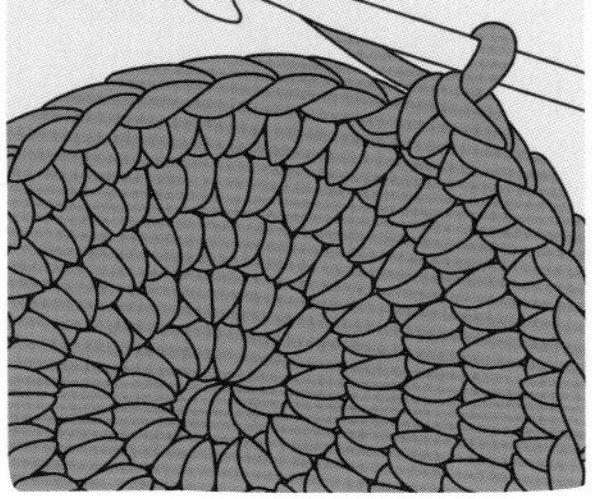

7 織片的反面

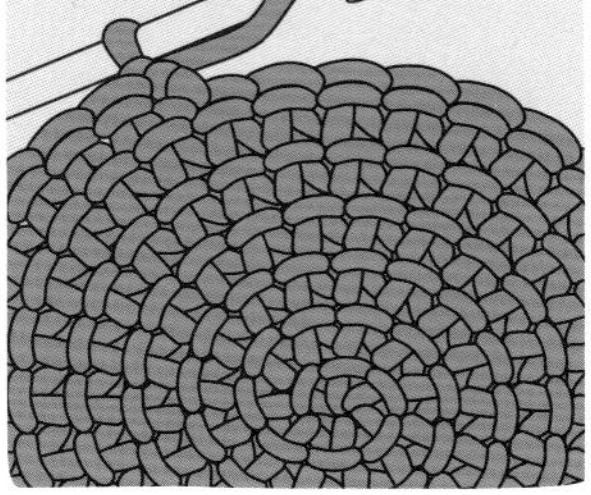

8 前半針

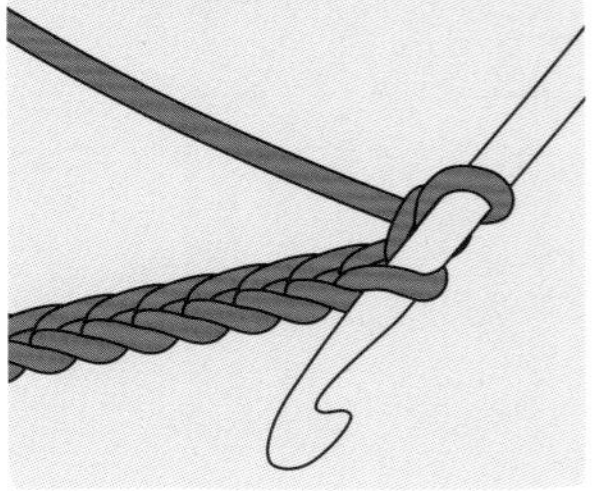

9 後半針

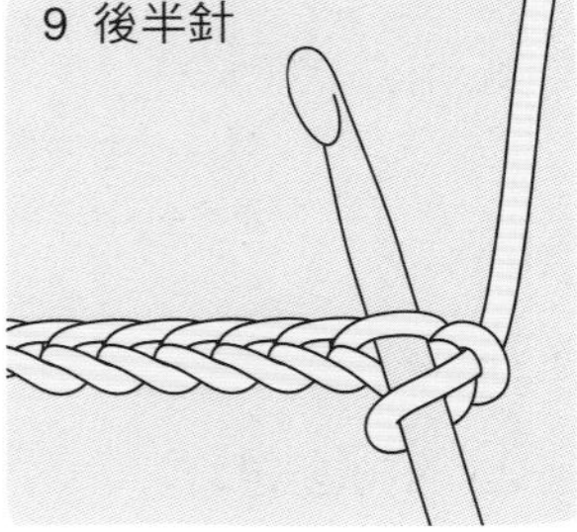

10 裡山（從正面找）

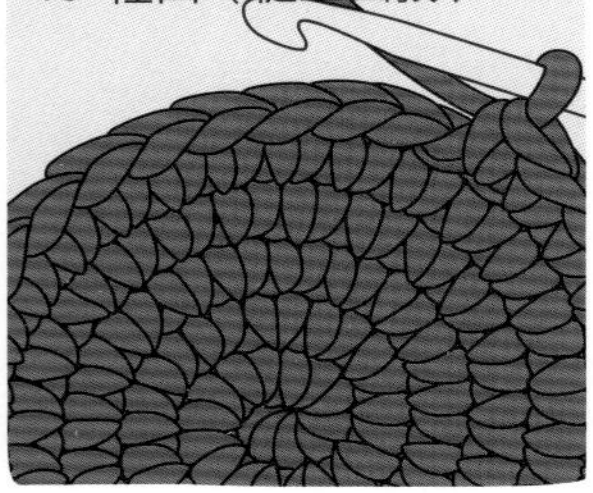

11 裡山（從反面找）

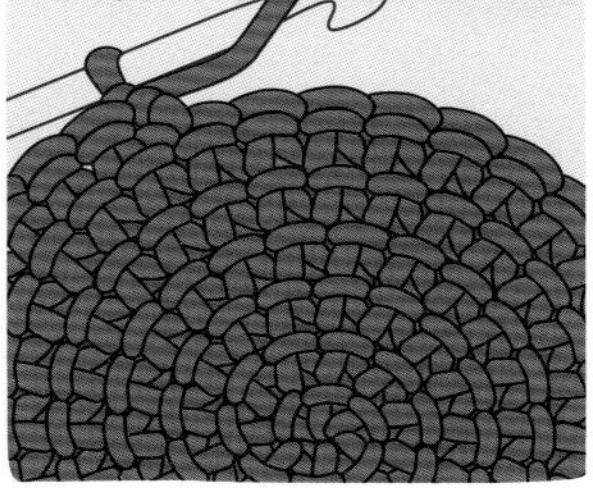

12 基礎鎖針鏈的正面

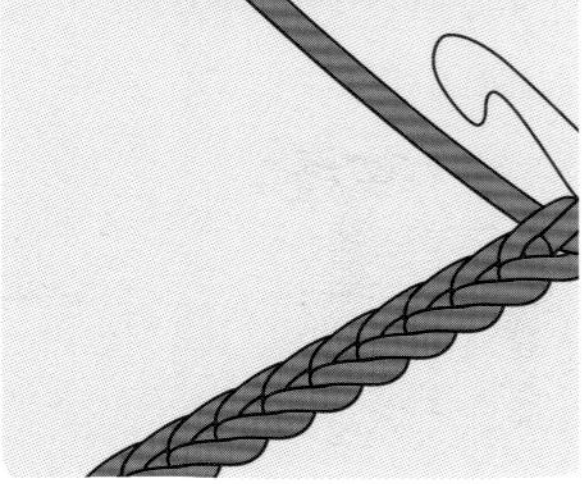

13 基礎鎖針鏈的反面

COLORWORK
彩色的鉤織方法

換色

書裡統一使用的換色技巧，是在前一針的最後一個步驟中換線。照常開始鉤前一針，於最後繞線拉出的時候，換成另一個顏色的線（如圖1），放掉原本顏色的線，繼續用新顏色線鉤下一針（如圖2和3）。

接線

將鉤針穿進指定的針目，繞線在鉤針上後從針目裡拉出，再繞線一次後，拉出線圈固定（如圖4）。

帶線／同時鉤兩種顏色

帶線能幫助你在反覆換不同顏色的毛線時，不需要每次都重新剪線和接線。尤其是在製作熱氣球，織圖中需要每幾針就換不同顏色的線，這時候帶線的技巧就能派上用場。

帶線的方法有很多種，本書中使用的技巧為反面帶線法。首先，先將不用的線從針目上方往後繞到上一圈後面，再以新顏色的線包住後方的線，繼續鉤正在進行的圈數。以包線的方式帶線，能讓織片的正面外觀看起來整齊平順，而暫時擱置不用的線，則藏在織片反面中針與針的縫隙之間。

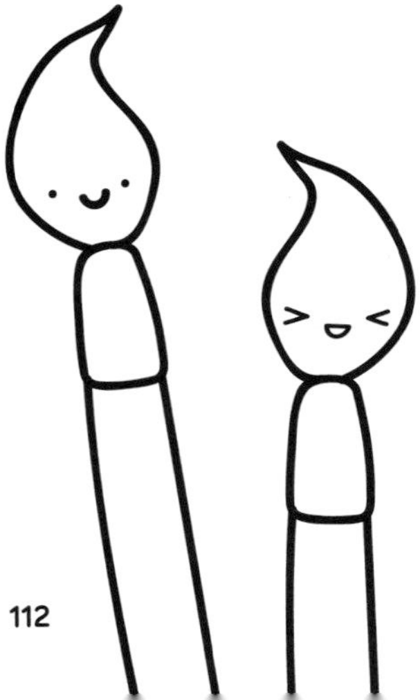

想要完美無接痕換色的小撇步，就是在上一針的最後一個步驟更換毛線（請見上方的「換色」技巧）。

FINISHING
結束編織及收針

收針

剪線後將尾線從鉤針上最後一個線圈裡拉出。

隱形收針法

使用隱形收針可以讓成品的邊緣平整。剪線後將尾線拉出最後一針，再將尾線穿進縫針，由前往後，將縫針穿進下一針目。從剛剛穿進的同一針，將縫針只穿過後半針輕輕拉出（如圖5），最後藏線在織片的反面，並剪掉多餘的線（如圖6）。

邊鉤邊藏線頭

鉤立體的作品需要換顏色時，可以使用帶線技巧，把新的顏色線頭和上一個顏色的尾線，兩條線邊鉤邊藏起來。只要將兩條線沿著要鉤的針目邊緣放好，鉤的同時一起包住線，連續鉤5到6針即可。

1 換色

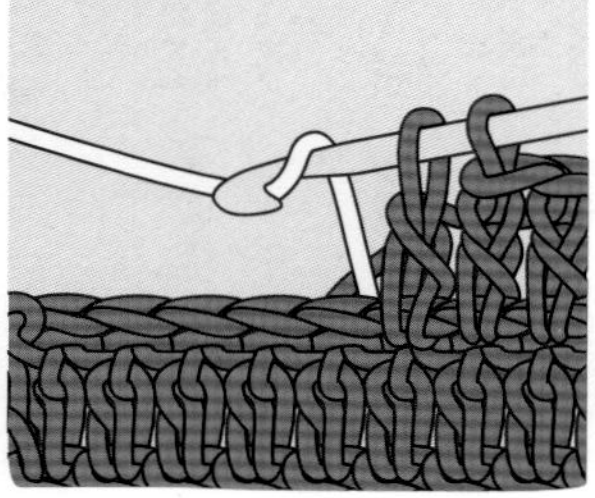

2 換色

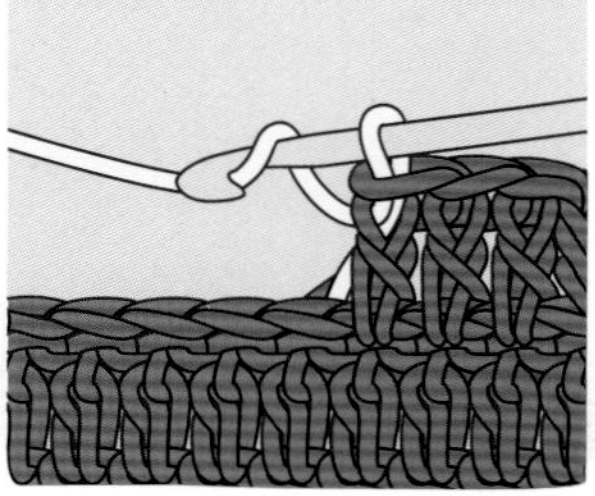

3 換色

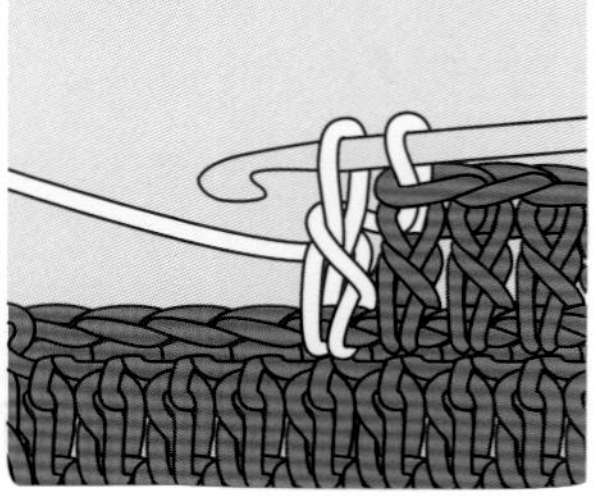

4 接線

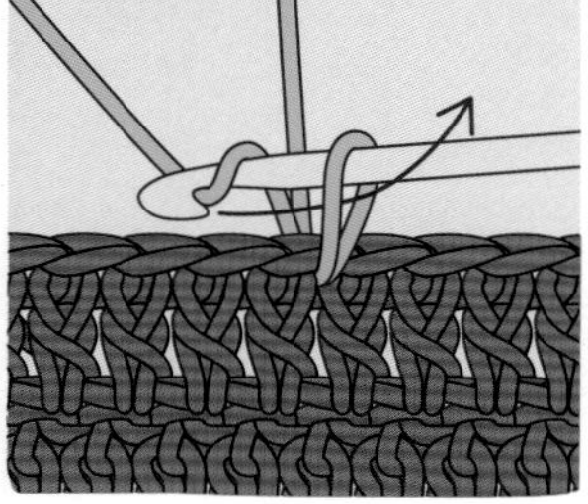

5 隱形收針法

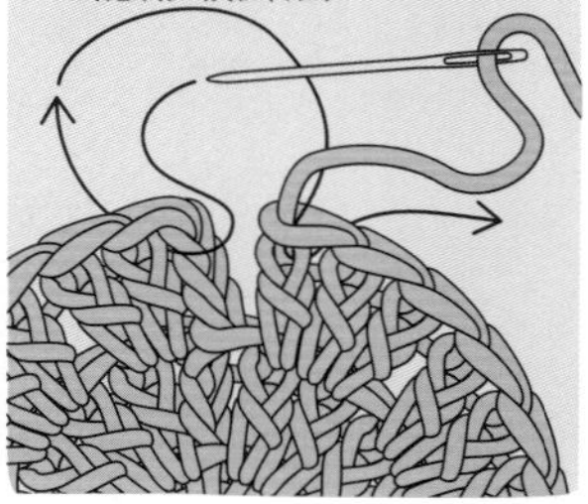

6 隱形收針法

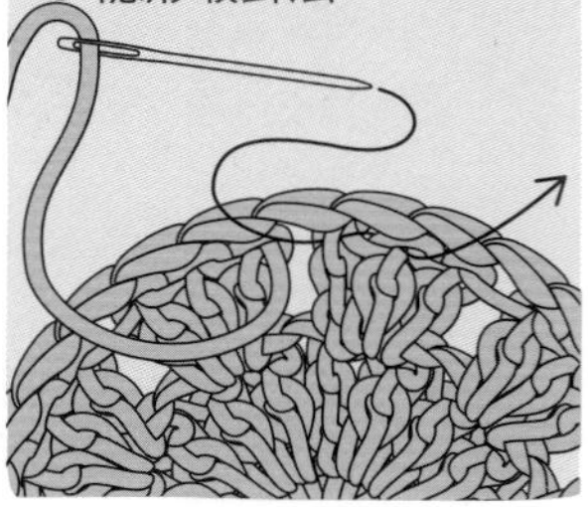

MAKING UP
製作五官＆修飾形狀

嵌入娃娃眼睛

安全說明：如果玩偶是要給三歲以下的孩童，請勿使用玩具娃娃眼睛，可用黑色線代替，繡出眼睛，以免不小心抓下來後誤食。

每個織圖都有說明娃娃眼睛放置的排數或圈數，以及眼睛之間相隔的針數。在將墊片嵌入眼睛上的棒釘前，要先確認好眼睛的位置，因為一旦嵌進墊片就無法再拔開了。

塞填充物

放填充物的祕訣很簡單，就是塞緊塞滿，但不能緊繃到填充物從針與針的空隙之間露出來。

前半針收口

剪線後將尾線從最後一針裡拉出，穿進縫針。將縫針由內往外，穿進剩餘針目每一針的前半針，（如圖1和2），再輕輕拉緊線收口（如圖3）。將縫針穿進收口的針目中心位置，再從中心點之外任一方向，把線從玩偶裡抽出來（如圖4），在靠近玩偶表面的地方打結，把結塞進玩偶裡，剪掉剩餘的尾線。

同樣的技巧也適合於後半針收口，依照說明將縫針穿進後半針而不是前半針就行了。

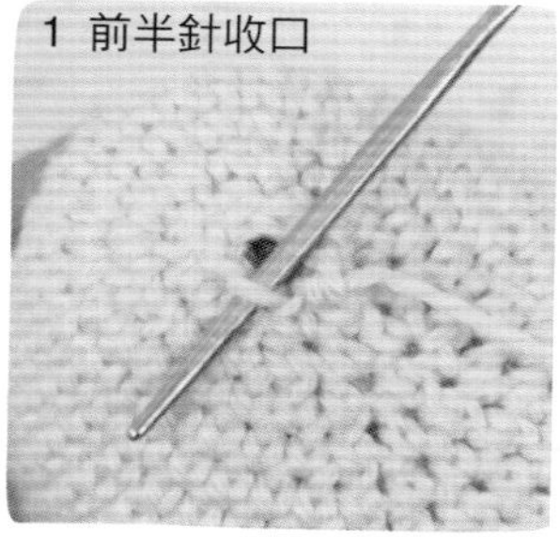
1 前半針收口

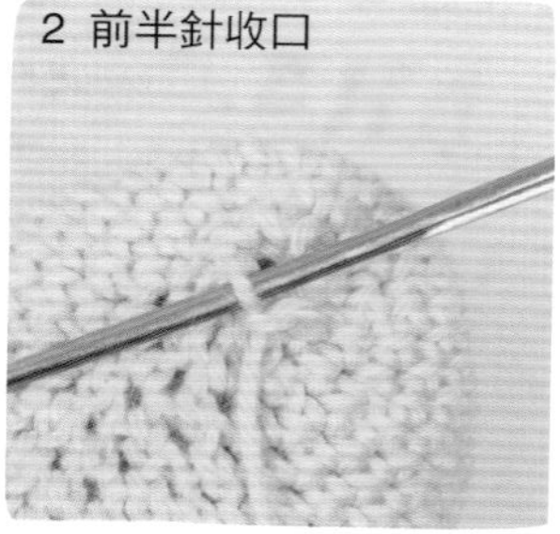
2 前半針收口

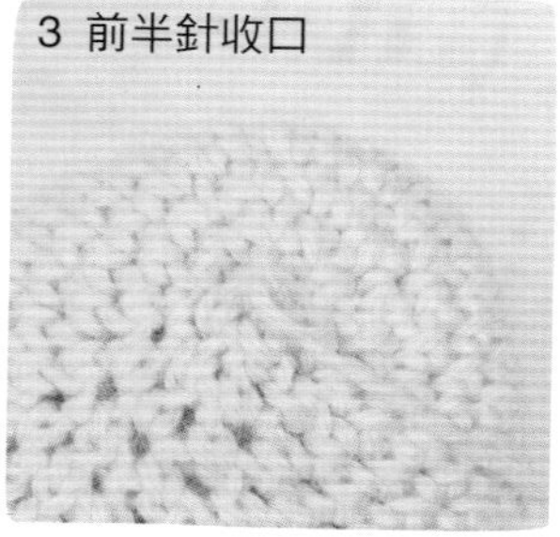
3 前半針收口

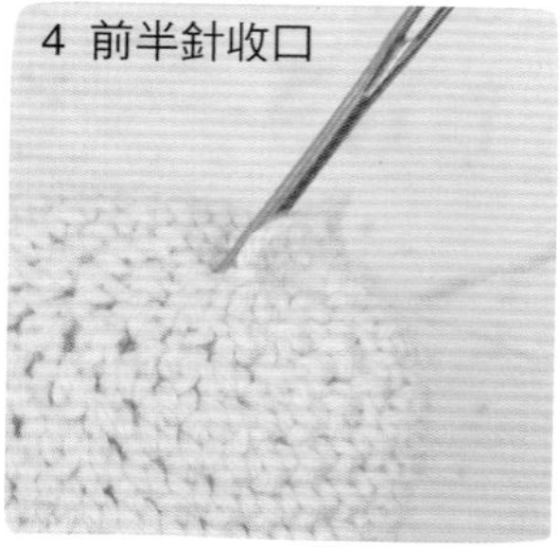
4 前半針收口

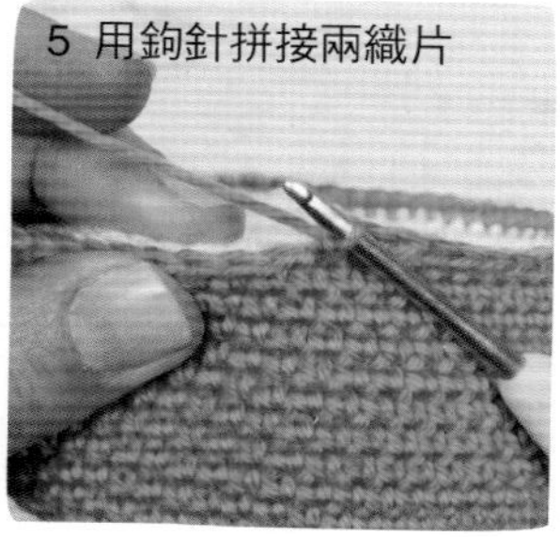
5 用鉤針拼接兩織片

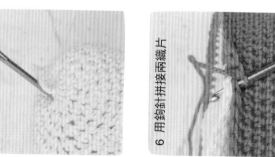

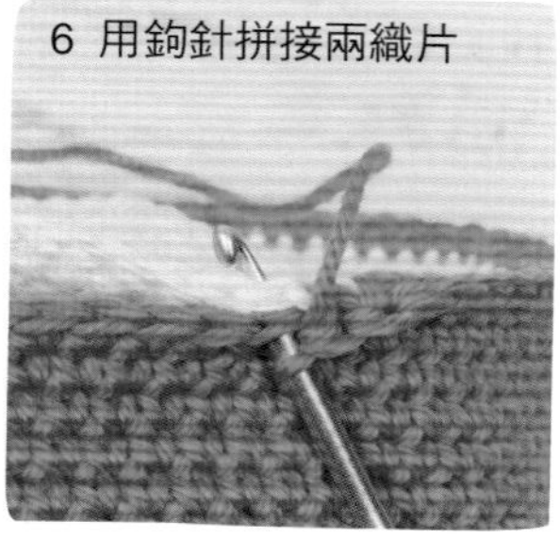
6 用鉤針拼接兩織片

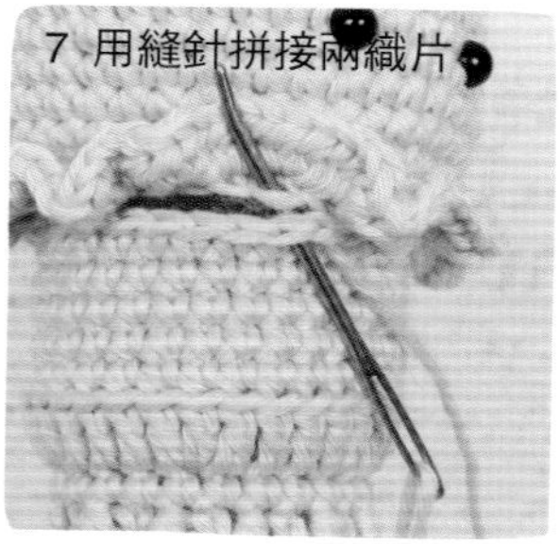
7 用縫針拼接兩織片

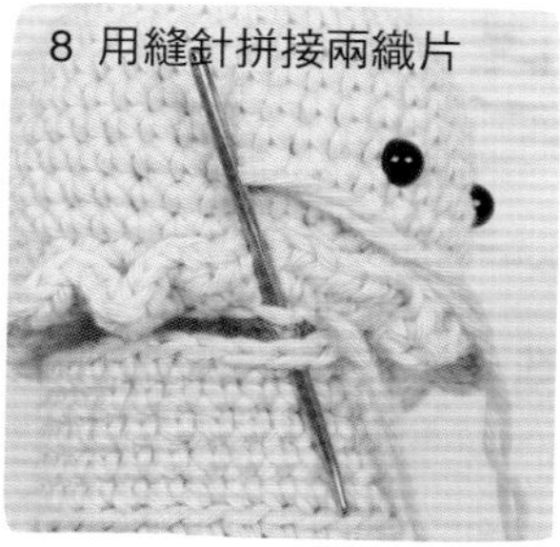
8 用縫針拼接兩織片

用鉤針拼接兩織片

將兩圈需要拼接在一起的針目，一圈在上另一圈在下，對齊放好（如圖5），用一織片上還沒有收針剪線的線，將兩織片所有針目，包含前後針，整圈全部以短針鉤在一起（如圖6）。

用縫針拼接兩織片

首先將要拼接的兩織片反面中心對齊，用已收針剪線後的尾線，或是另一條跟拼接的織片同一個顏色的線，穿進縫針。

從上往下穿過兩織片每一針目，將整圈縫合在一起，除非有特別說明，一般拼接盡可能每一針的前後針都要穿過（如圖7和8）。縫過每一針都輕輕拉動一下線，確認兩織片縫合緊密，讓拼接的針目看起來小而整齊。

塑型（製作底部凹槽）

藉由調整形狀，讓可愛的玩偶可以在平面上直立站好。

除非織圖裡有特別說明，一般塑型多半是在玩偶的底部做出凹槽。

首先，將縫針從玩偶底部的中心點穿進去，從頂部中心點拉出來（如圖 1 和 2），再將縫針從頂部中心往下穿進去，自底部略偏中心的位置抽出（如圖 3 和 4），再次從底部中心穿進，從頂部中心拉出（如圖5）。

稍微把線拉緊，使玩偶底部出現凹槽（如圖 6），頂部不會產生凹槽（如圖 7）。將縫針從頂部穿到底部，打兩至三個結固定後，把線頭藏到毛線裡。

塑型（製作上下的凹槽）

製作蘋果和西洋梨時，上下都需要塑型，做出凹陷的形狀，才更擬真。塑型的步驟是一樣的，只是不能都從同一個位置將縫針穿進和拉出頂部，每次穿進或拉出的點必須偏離中心點一些，這樣最後拉線時才能做出凹槽。

收尾

將尾線穿進縫針，再將縫針穿過整個玩偶中間，緊貼玩偶打一個結，將結塞進玩偶裡後剪掉剩餘的線。

縫製臉部細節

使用黑色線，將縫針穿進玩偶後方任何一處，再縫出V字型嘴巴。嘴巴要縫在兩個眼睛中間，跟眼睛高度差不多，但是略低一點，大概是往下一圈的位置（如圖8和9）。

使用臉頰需要的顏色線，將縫針穿進玩偶後方任何一處（如圖 10），在眼睛兩側縫出臉頰，跟眼睛差不多寬，但是同樣低一點往下一圈的位置（如圖 11）。

縫好兩邊臉頰後，將縫針穿過整個玩偶的中間，緊貼玩偶打一個結，把結塞進玩偶裡藏起來，再剪掉剩餘的尾線。

在縫睫毛時，我發現使用兩條縫紉專用的細線和細針來縫是最好操作的方式。用這方法能更容易接近娃娃眼睛，細針也可以從織片上任何一處穿進去。

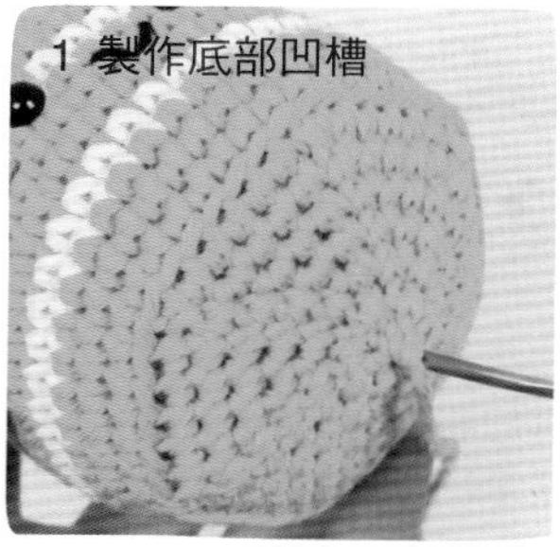
1 製作底部凹槽

2 製作底部凹槽

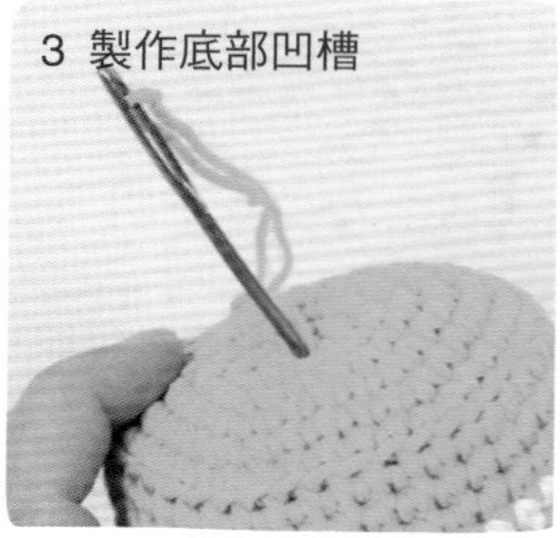
3 製作底部凹槽

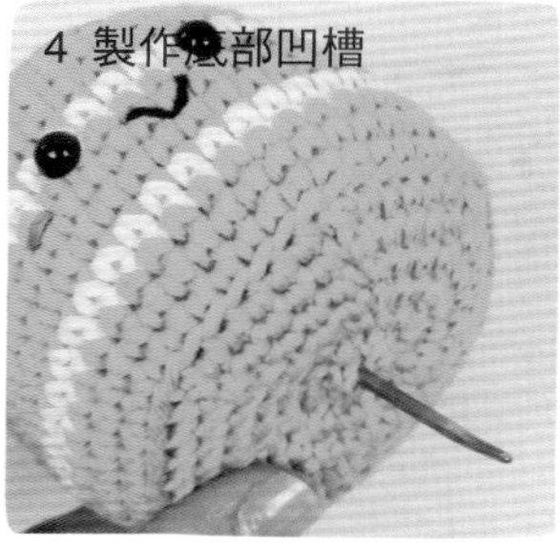
4 製作底部凹槽

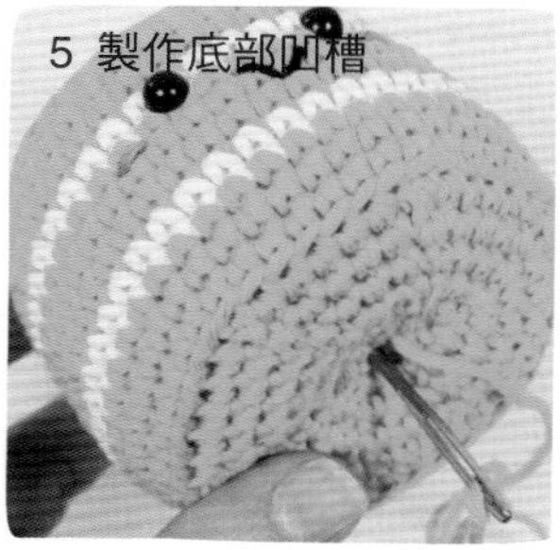
5 製作底部凹槽

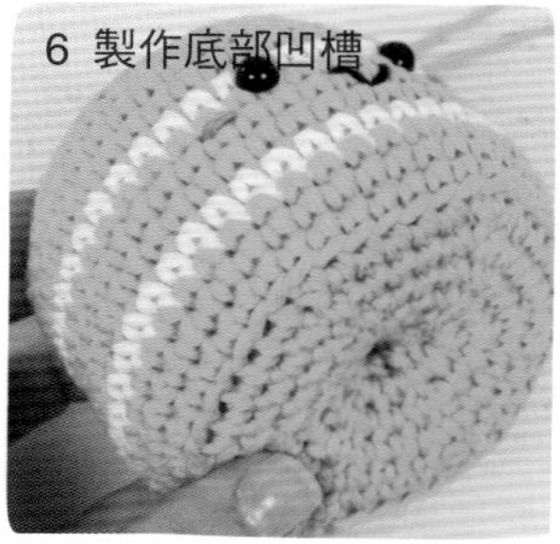
6 製作底部凹槽

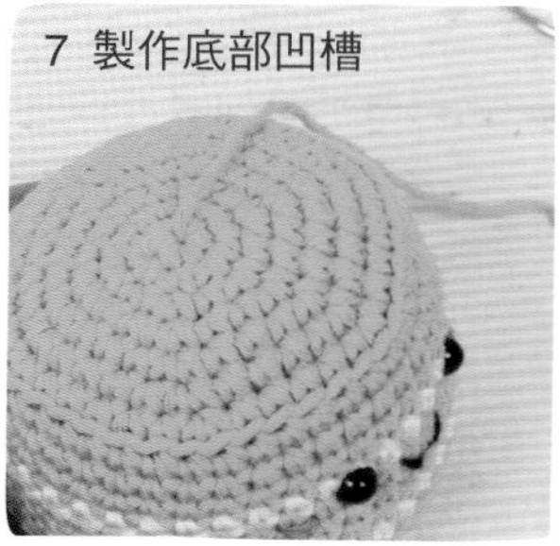
7 製作底部凹槽

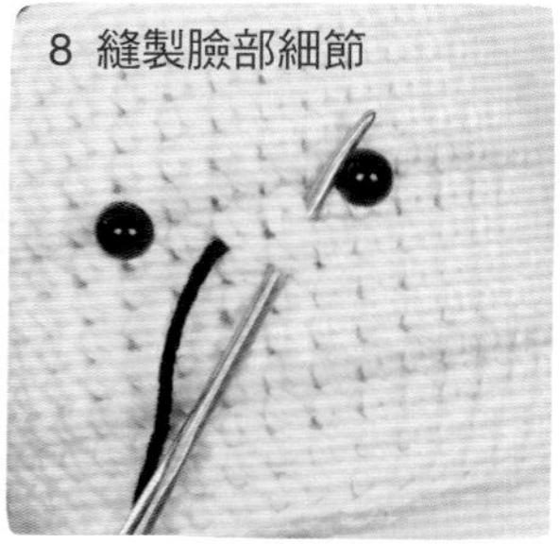
8 縫製臉部細節

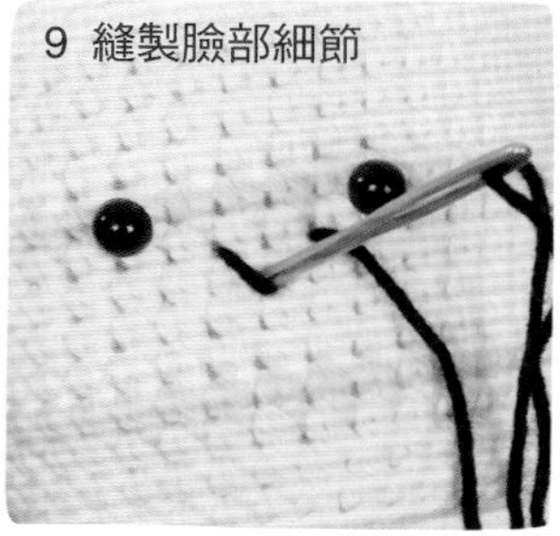
9 縫製臉部細節

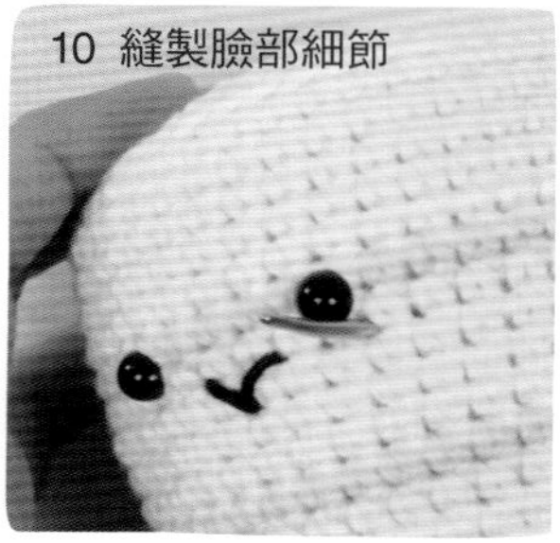
10 縫製臉部細節

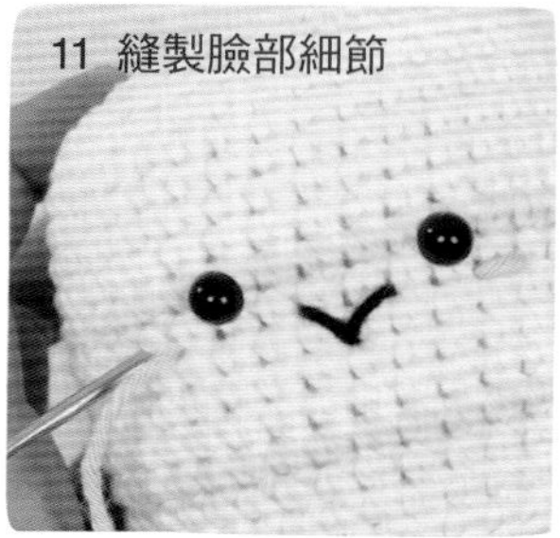
11 縫製臉部細節

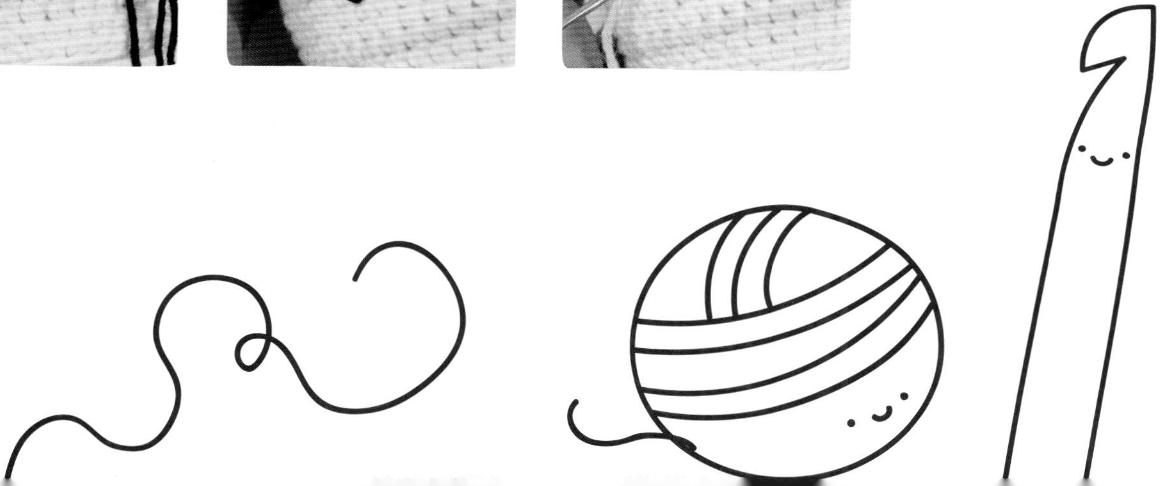

本書作者

梅麗莎・布萊德利（Melissa Bradley）是一位鉤織設計師，也是熱衷一切手作的色彩迷。大學主修室內設計，畢業後成為擁有執照的花藝師，但自從第二個孩子出生後，開始喜歡上新的創作媒介：毛線。如果手上不是正在握著鉤針，那就是在烘焙或是花園裡。梅麗莎跟先生、三個小孩住在美國猶他州，可以從 Esty、Ravelry 和 LoveCrafts 手作網站上搜尋她的鉤針織圖，以及上 Instagram(@yarnblossomboutique) 追蹤她每天的鉤織作品。

致謝

首先我要向我的家人致上滿滿的謝意。有著無比耐心的先生，在我埋首努力的過程中，持續給予我很多愛的鼓勵。還有我體貼的孩子們，一直是激發我創作的靈感來源。同時，還要感謝我的父母，我想他們始終都是我最忠實的粉絲。

我要感謝可愛又有才華的 David and Charles 團隊，尤其是 Ame Verso，謝謝你們相信我，並讓我發揮出最具創造力的自己，對此我真的非常感激！

另外也感謝 LoveCrafts 的 Helen Hollyhead，慷慨大方提供 Paintbox 牌毛線供我使用。

最後，我想跟本書的讀者説聲「謝謝」。如果沒有你們對鉤織的熱愛與支持，這所有的一切就不可能會成真。

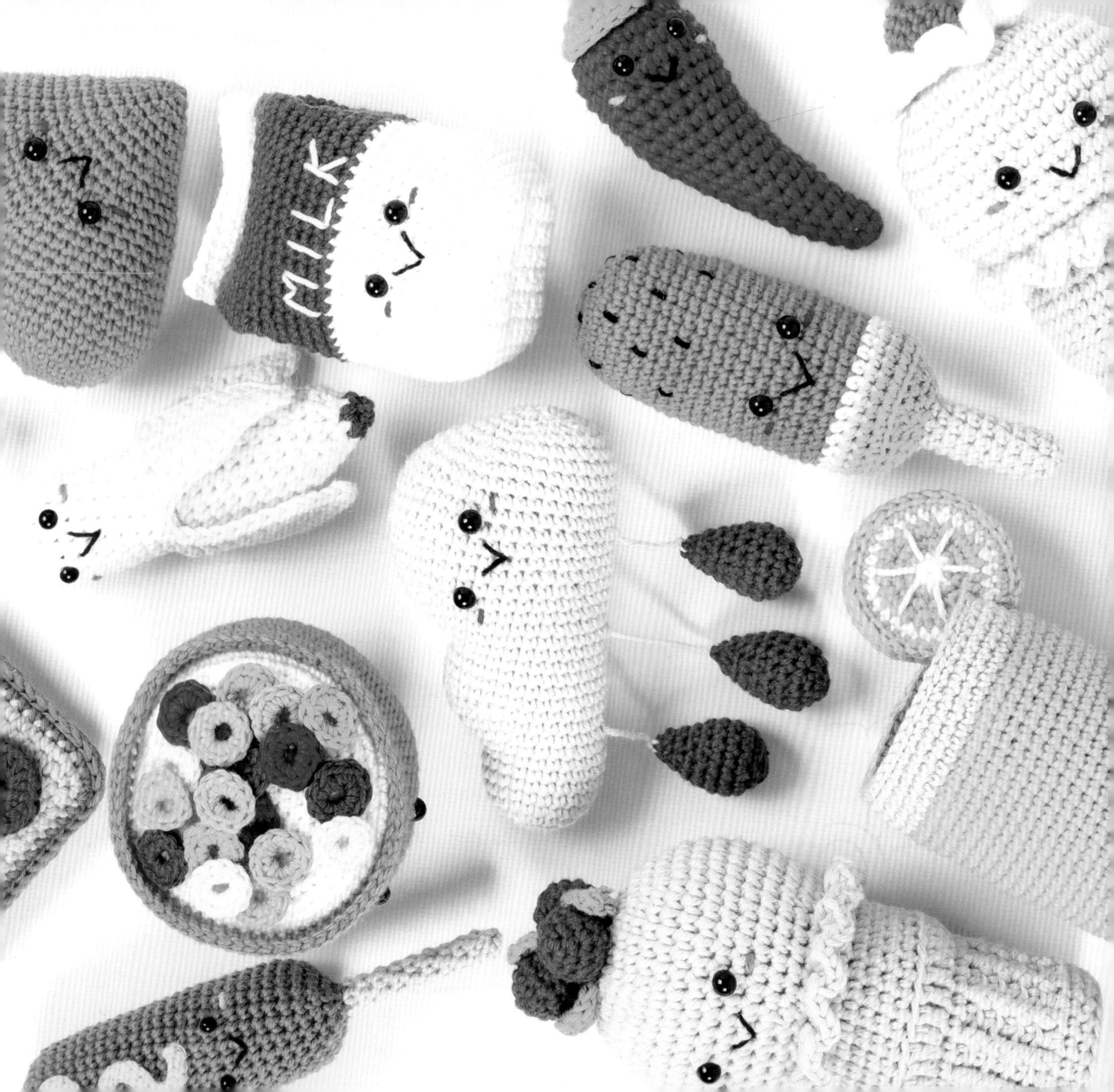
MILK

台灣廣廈國際出版集團 Taiwan Mansion International Group

國家圖書館出版品預行編目（CIP）資料

可愛療癒！鉤織玩偶入門書：一支鉤針就完成！ 40款繽紛毛線娃娃，打造令人愛不釋手的童趣夢想王國 / 梅麗莎.布萊德利(Melissa Bradley)著；蘇郁捷譯. -- 初版. -- 新北市：蘋果屋, 2020.07　面；　公分.
譯自：Kawaii crochet : 40 super cute crochet patterns for adorable amigurumi.
ISBN 978-986-98814-5-6(平裝)
1.編織 2.手工藝

426.4　109007052

蘋果屋 APPLE HOUSE

可愛療癒！鉤織玩偶入門書

一支鉤針就完成！ 40款繽紛毛線娃娃，打造令人愛不釋手的童趣夢想王國

作　　者／梅麗莎.布萊德利(Melissa Bradley)
譯　　者／蘇郁捷
編　　輯／蔡沐晨

編輯中心編輯長／張秀環
封面設計／林珈伃・內頁排版／菩薩蠻
製版・印刷・裝訂／東豪・弼聖・秉成

行企研發中心總監／陳冠蒨
媒體公關組／陳柔彣
綜合業務組／何欣穎

線上學習中心總監／陳冠蒨
數位營運組／顏佑婷
企製開發組／江季珊、張哲剛

發 行 人／江媛珍
法律顧問／第一國際法律事務所 余淑杏律師・北辰著作權事務所 蕭雄淋律師
出　　版／蘋果屋
發　　行／台灣廣廈有聲圖書有限公司
地址：新北市235中和區中山路二段359巷7號2樓
電話：（886）2-2225-5777・傳真：（886）2-2225-8052

代理印務・全球總經銷／知遠文化事業有限公司
地址：新北市222深坑區北深路三段155巷25號5樓
電話：（886）2-2664-8800・傳真：（886）2-2664-8801

郵政劃撥／劃撥帳號：18836722
劃撥戶名：知遠文化事業有限公司（※單次購書金額未達1000元，請另付70元郵資。）

■初版5刷：2024年3月　ISBN：978-986-98814-5-6　